Norbert Opfermann

Eisenbahn-Nostalgie

Eisenbahnen in Benelux

Für Valentina und Christian.

»Das Eisenbahnfieber ist stärker als jemals, es grenzt an Wahnsinn.«

Gottfried Ludolf Camphausen, rheinischer Bankier und Politiker (1844)

Text: Norbert Opfermann M.A.
Einbandgestaltung: Werner Schramm, Krefeld
Titelfoto: Museum Buurtspoorweg © Norbert Opfermann
Korrektorat: Wolfgang Zengerling M.A., Düsseldorf

ISBN: 978-9-46367-162-0

Herstellung und Verlag:
Bookmundo
www.bookmundo.de

Inhalt

Luxemburg

Vorwort

Historische Eisenbahnen begeistern Erwachsene und Kinder gleichermaßen. In diesem Band finden Sie die schönsten Museumsbahnen in den Niederlanden, in Belgien und in Luxemburg. Verbinden Sie Ihren Urlaub mit Ihrem Hobby Eisenbahn. Die Schönheit der Landschaft und das Fahren in nostalgischen Eisenbahnfahrzeugen werden Sie und Ihre Familie begeistern. Die nationalen Eisenbahnmuseen sind ein Highlight für Eisenbahnfans und bieten ein Erlebnis für die ganze Familie. Die Internetadressen am Textende informieren Sie über aktuelle Preise, Öffnungszeiten und geben weitere Hintergrundinformationen.

Die stillgelegte Vennbahn wurde zu einem Freizeitpfad für Wanderer und Radler ausgebaut. Das Wandern und Radfahren auf der ehemaligen Bahntrasse wird zu einem besonderen Erlebnis. In mehreren Tagesetappen können Sie die Strecke zwischen Aachen und Luxemburg bewältigen. Hotels gibt es an der Route.

Das Viadukt von Moresnet warf lange Zeit den Schatten zweier Weltkriege über den Ort Moresnet. Heute ist die Brücke ein wichtigstes Verbindungsstück zwischen dem belgischen Hafen Antwerpen und Deutschland. 2016 feierten die Belgier das technische Meisterwerk zum 100. Jubiläum mit einem Feuerwerk.

Jetzt wünsche ich Ihnen viel Spaß beim Schmökern und Entdecken der faszinierenden Welt der Eisenbahn bei unseren Nachbarn.

Norbert Opfermann

Stichting Stadskanaal Rail

Durch die Moorkolonien von Ostgroningen

Die Museumseisenbahn STAR (Stichting Stadskanaal Rail) wurde 1992 gegründet, um die Bahn als industrielles Denkmal der Moorkolonien zu erhalten. Mit 26 Kilometern ist sie die längste Museumsbahnstrecke der Niederlande.

Die Museumseisenbahn »Stichting Stadskanaal Rail« (STAR) fährt seit 1994 mit einer historischen Dampflok zwischen Veendam und Musselkanaal. Der Name ist eine Anspielung auf die alte »Groningsch Drentsche Spoorwegmaatschappij Stadskanaal-Ter Apel-Rijksgrens«. Diese Bahnstrecke wurde bis in die 1980er-Jahre von den niederländischen Eisenbahnen (Nederlandse Spoorwegen) betrieben. Sie folgt fast vollständig der Grenze zwischen den Provinzen Groningen und Drenthe und führt deshalb quer durch das Gebiet, das man die Moorkolonien von Ostgroningen nennt. Mit einer Länge von 26 Kilometern ist sie die längste Museumsbahnstrecke in den Niederlanden. Während der Fahrt haben Sie eine herrliche Aussicht auf die flache Landschaft und die typischen Reihendörfer, die es hier an den vielen Kanälen gibt.

Die Bahnstrecke zwischen Veendam und Musselkanaal ist Überbleibsel eines Bahnnetzes, das Anfang des 20. Jahrhunderts von der »Noordooster-locaalspoorweg-Maatschappij« (NOLS, deutsch: »Nord-Ost-Lokalbahn«) und der ehemaligen STAR-Gesellschaft »Groningsch Drentsche Spoorwegmaatschappij Stadskanaal-Ter Apel-Rijksgrens« gebaut wurde. Der Abschnitt zwischen Stadskanaal und Veendam wurde 1910 von der NOLS und der Abschnitt zwischen Stadskanaal und Musselkanaal 1924 von der ursprünglichen STAR gebaut. Von Stadskanaal fuhren in den 1920er-Jahren Personenzüge nach Assen, Coevorden, Zuidbroek und Ter Apel ab. Stadskanaal war ein wichtiger Knotenpunkt für den Schienenverkehr. Es hieß nicht umsonst offiziell »Stadskanaal Hoofdstation« (deutsch: »Stadskanaal Hauptbahnhof«).

Die Dampflokomotive TE-5933 ist markant durch den Sowjet-Stern auf der Stirnseite.

Viele Unternehmen an der Strecke hatten einen Güteranschluss. Zu einem der wichtigsten Kunden zählte die Philips-Fabrik in Stadskanaal. Mit dem Ausbau des Straßennetzes aber wurde die Bahn immer weniger benutzt. 1955 fuhr der letzte Personenzug von Stadskanaal nach Groningen und 1990 war auch Schluss mit der Güterbeförderung.

Die neue Museumseisenbahn STAR wurde 1992 gegründet, um die Bahn als industrielles Denkmal der Moorkolonien zu erhalten. Mit finanzieller Hilfe der EU, des niederländischen Staates sowie vieler Betriebe aus der Region wurde die Strecke wieder hergerichtet; und es konnte das benötigte Fahrmaterial beschafft werden. Viele der alten Bahnhofsgebäude waren abgerissen worden, einschließlich der Station Stadskanaal. Die STAR baute ein neues Bahnhofsgebäude im alten Stil. Dieses wurde 1997 eröffnet. Nur das ursprüngliche Bahnhofsgebäude in Veendam aus dem Jahr 1910 blieb erhalten. 1994 fand die erste Fahrt mit Fahrgästen statt.

Über 120 Freiwillige helfen bei der Erhaltung der Museumsbahn. Seit 1992 hat das Museum STAR viele Diesel- und Dampflokomotiven sowie einige Dutzend Autos und Reisebusse erstanden. Am 6. Januar 2003 wurde die STAR Eigentümer der Eisenbahnlinie Veendam–Stadskanaal–Musselkanaal.

Die Dampflokomotive 52 8060-7 wurde Ende 2005 zusammen mit der Lokomotive 50 3645-4 von der aufgelösten Vereinigung »Eisenbahnfreunde Walburg« erworben. Nach einem Brand – vermutlich handelte es sich um Brandstiftung – am 27. August 2009 in der STAR-Werkstatt in Stadskanaal, ist die 52 8060-7 seit 2015 wieder betriebsfähig. Die 52 8060-4 wurde 1943 bei der »Oberschlesische Lokomotivwerke AG Kattowitz, Werk Krenau« (polnisch: Chrzanów) als Kriegslok 52 5190 für die Deutsche Reichsbahn in Dienst gestellt. Nach dem Zweiten Weltkrieg wurde die Lokomotive bei der Deutschen Reichsbahn der DDR in Dienst gestellt und zwischen dem 11. April und dem 31. Mai 1963 umgebaut, wobei die Lokomotive unter anderem einen neuen Kessel erhielt. Seitdem ist die Lok unter der Nummer 52 8082 gelistet. Im Jahr 1996 kam die Lokomotive zur STAR. Nach der Fertigstellung der 52 8060-7 im Jahr 2015 wurde die Lokomotive überarbeitet Die Lokomotive hat ihr »vernachlässigtes« Aussehen beibehalten, wie die meisten Dampfloks in den letzten Jahren bei der Deutschen Reichsbahn.

Die Dampflokomotive TE-5933 aus der deutschen Baureihe 52 wurde 1943 von BMAG (Schwarzkopff) in Berlin gebaut. Die Lokomotive blieb nach dem Krieg in Russland als strategische Reserve und endete bei der STAR in dieser Version. Die Lokomotive ist seit 2007 in Betrieb und gehört zu den wenigen Lokomotiven dieser Baureihe in der alten Version. Auffällig ist der rote Stern an der Stirnseite der Lokomotive.

@ www.stadskanaalrail.nl

TIPP

Besuchen Sie auch Groningen und entdecken Sie die netten Restaurants, den Martinitoren sowie andere Baudenkmäler oder gehen Sie einfach nur shoppen.
Der beinah 100 Meter hohe Martinitoren (Martiniturm) ist der ganze Stolz Groningens. Die heutige Touristenattraktion diente einst als Aussichtspunkt, um Feinde im Auge zu behalten.

Stoomtram Hoorn-Medemblik

Entlang der Tulpenfelder durch Westfriesland

Die Museumsdampfkleinbahn verbindet zwei der ältesten und schönsten Städte in den Niederlanden: Hoorn und Medemblik. Die Stoomtram Hoorn-Medemblik zeigt die Geschichte der Dampfkleinbahnen von 1879 bis 1966. In Medemblik gibt es einen Anschluss an das historische Fährschiff, den Salondampfer Friesland für die Weiterfahrt nach Enkhuizen. Von dort kann man mit der niederländischen Staatsbahn zurück nach Hoorn fahren.

Nördlich von Amsterdam liegt am Ijsselmeer die Stadt Hoorn, die 1357 die Stadtrechte erhielt. Im Jahre 1600 entstanden hier die Hauptquartiere der West- und Ostindischen Handelskompanien. Am Museumsbahnhof wartete schon der Dampfzug. Die Lok pfiff einmal und der Heizer schaufelte emsig Kohlen ins Feuer. Ein zweiter Pfiff und der Zug setzte sich in Bewegung. So begann unsere nostalgische Zeitreise Ende Mai 2017 zwischen den geschichtsträchtigen Städten Hoorn und Medemblik.

Medemblik erhielt 1289 die Stadtrechte. Im 13. Jahrhundert ließ Graf Floris V. seine Burg Radboud in Medemblik erbauen. In den historischen Wagen lauschten wir dem Rattern der Räder, dem Heulen der Dampfpfeife und dem Arbeiten der Lokomotive während der Fahrt durch die niederländische Provinz Nordholland.

Neben- und Kleinbahnen entstanden in den Niederlanden überall dort, wo die große Eisenbahn nicht hinkam. In den ländlichen Gebieten bildeten die Kleinbahnen das Rückgrat des Verkehrs. Man nannte sie »Stoomtrams«, Dampfstraßenbahnen. Damit möglichst viele Orte einen Bahnanschluss erhielten, nahm die Streckenführung nicht immer den geraden Weg. Die Strecke Hoorn-Medemblik ist ein typisches Beispiel dafür: Der Zug braucht eine Stunde, um die 20 Kilometer zurückzulegen, das Auto schafft die 14 Straßenkilometer in nur 20 Minuten. Die Bahnstrecke nimmt dagegen so manche Kurve, um den nächstgelegenen Ort zu erreichen. Die Strecke wurde 1887 in Betrieb genommen; die Personenbeförderung endete bereits 1935 und danach gab es nur noch Güterverkehr. Die seit 1968 aktive Museumsdampfkleinbahn ließ an Christi Himmelfahrt 1968 wieder eine Stoomtram fahren.

In Hoorn wurde ein neues Bahnhofsgebäude errichtet, das einem historischen Vorbild nachempfunden wurde. Im gasbeleuchteten Gebäude wird in einer Ausstellung die Geschichte der Dampfkleinbahnen in den Niederlanden präsentiert.

Die blau lackierte Lok Nr. 5 bei Twisk (oben).
In Medemblik wartet schon das Museumsschiff Friesland am Anleger.

Die Bahnhofsgebäude Wognum, Twisk, Opperdoes und Medemblik sind im Besitz der Museumsbahn und befinden sich nach einer umfangreichen Restaurierung im originalen Zustand.

In Medemblik wartete schon das Fährschiff am Anleger. Wir sollten es in Enkhuizen beim Anlegen wiedertreffen. Wir vertrieben uns die Zeit bis zur Abfahrt des Zuges mit einem Stadtrundgang. Im Ort fand ein Truckertreffen mit einer Fahrzeugschau statt. Am Bahnhof stand schon die Dampflok abfahrbereit. Unser Schaffner war im bürgerlichen Beruf Wirtschaftsprüfer, wie wir im Gespräch erfuhren.

Wir fuhren zurück nach Hoorn: Als wir an den Häusern vorbeiratterten, kamen die Kinder staunend angelaufen und winkten uns zu. Anschließend machten wir noch einen Abstecher nach Enkhuizen, wo wir angekommen wären, wenn wir das Fährschiff genommen hätten. Kurz nach unserer Ankunft kam auch das Fährschiff an.

Auch Enkhuizen ist eine sehenswerte Stadt. Der Ort erhielt 1355 das Stadtrecht. Enkhuizen entwickelte sich zu einem wichtigen Zentrum der Heringfischerei. Neue Häfen wurden angelegt, und um 1600 waren 300 der insgesamt 500 Heringfangschiffe Hollands in Enkhuizen beheimatet. Als 1603 die Niederländische Ostindien-Kompanie gegründet wurde, war daran auch Enkhuizen beteiligt. Am Ende ihrer Blütezeit im Jahr 1652 war Enkhuizen für die damaligen Verhältnisse mit über 25.000 Einwohnern eine Großstadt. Ursache des anschließenden Niedergangs war die zunehmende Handelskonkurrenz im Inland (Amsterdam) und aus dem Ausland (England). Enkhuizen wurde, wie Monnickendam, Edam, Hoorn und Medemblik, eine der sogenannten »toten Städte« an der Zuidersee. Erst mit dem Aufkommen des Gartenbaus und des Tourismus um 1900 erholte sich die Gemeinde wieder. Heute profitiert die Stadt im Sommerhalbjahr vor allem vom Wassertourismus.

In Enkhuizen befindet sich auch das Zuiderseemuseum, es liegt in der Nähe des Hafens von Enkhuizen und ist nach der ehemaligen Zuiderzee (heute IJsselmeer) benannt. Das Binnenmuseum besteht aus einer Reihe von erhaltenen und rekonstruierten Gebäuden aus dem 17. Jahrhundert, von denen einige früher von der Niederländischen Ostindien-Kompanie verwendet wurden. Hauptattraktion ist die »Schepenhal« (Schiffshalle) mit einer Ausstellung von historischen Booten aus der früher bedeutenden Fischerei in der Zuiderzee sowie einigen Schiffen für den Segelsport. Darüber hinaus sind auch noch andere Exponate aus der Zuiderzeeregion zu sehen. Unter anderem Gemälde, Möbel, Werkzeuge, Trachten und eine Dokumentation über den Walfang. Im Außengelände sind ein typisches Zuiderzeestädtchen und ein Fischerdorf aus der Zeit zwischen 1700 und 1900 aufgebaut worden. Die zahlreichen Gebäude stammen nicht alle aus der Umgebung um Enkhuizen, sondern wurden aus diversen Ortschaften rund um das IJsselmeer in das Museum gebracht. Das Gelände des Freilichtmuseums wurde zuvor von den Zuiderzeewerken als Lagerplatz für den Bau des Damms nach Lelystad benutzt.

@ www.stoomtram.nl

Niederländisches Eisenbahnmuseum Utrecht

Niederländische Eisenbahngeschichte in vier Erlebniswelten

Im ehemaligen Bahnhof Utrecht Maliebaan befindet sich das große und bedeutende staatliche niederländische Eisenbahnmuseum. Die Fahrzeugsammlung und die anderen Ausstellungsstücke bieten eine umfassende Übersicht über die niederländische Eisenbahngeschichte.

Wir besuchten das staatliche niederländische Eisenbahnmuseum »Nederlands Spoorwegmuseum« (NSM) in Utrecht im Rahmen der Tagung der Deutschen Gesellschaft für Eisenbahngeschichte (DGEG) in Bochum im Mai 2017. Das Bahnhofgebäude wurde in den Ursprungszustand des 19. Jahrhunderts zurückversetzt: Es ist komplett mit einem Fahrkartenschalter, einer großen Halle, Warteräumen und zwei kleinen Sälen ausgestattet. Unsere Museumsführerin war eine Seniorin, die uns in deutscher Sprache durch die beeindruckende Sammlung leitete. Wenn ihr mal ein deutsches Wort nicht einfiel, halfen wir gerne aus. Zu Beginn zeigte sie uns einen Wartesaal dritter Klasse, der mit hölzernen Stühlen und Tischen recht spartanisch ausgestattet war. Aber immerhin gab es eine Theke mit Bierausschank. Der königliche Wartesaal war dagegen mit einem Sofa und viel Plüsch den Majestäten würdig ausgestattet. Die »Koninklijke Wachtkamer«, der Königliche Wartesaal, stammt aus dem alten Bahnhofsgebäude in Den Haag (Station Den Haag Staatsspoor). Am Bahnsteig erwartete uns schon der königliche Zug mit einem Salonwagen.

Das Museum wurde 1927 gegründet und war zunächst in einem der Hauptgebäude der Niederländischen Eisenbahnen in Utrecht untergebracht. Die Sammlung bestand vor allem aus Abbildungen und Dokumenten. In den 1930er-Jahren gab es erste Bestrebungen, historisch wertvolles Eisenbahnmaterial zu erhalten. Aber durch Kriegseinwirkung ging ein Teil dieses Materials wieder verloren. Nachdem das Museum zeitweise im Reichsmuseum in Amsterdam untergebracht war, konnte es in den 1950er-Jahren wieder nach Utrecht zurückkehren. Der im Jahr 1939 geschlossene Bahnhof Maliebaanstation schien ein ausgezeichneter Ort für das Museum zu sein. Nach einem Umbau konnte das Museum 1954 seine Pforten öffnen.

»De Arend«, die erste Lokomotive der Niederlande.

Der königliche Zug ist vorgefahren.

In der Altstadt von Utrecht laden die Terrassen zur Pause ein.

Es gab nun viel mehr Platz, um die Sammlung dem Publikum zu präsentieren. Im Laufe der Jahre kamen immer mehr Eisenbahn- und Straßenbahngarnituren ins Museum. In den 1950er- und 1960er-Jahren stand bereits der gesamte Vorplatz voll mit rollendem Material, das dort aber der Witterung ausgesetzt war. Eine erste Verbesserung brachte 1975 die Errichtung eines überdachten Bahnsteigs, zwei Jahre später wurde das Gelände dann nochmals erweitert. Der Vorplatz wurde geräumt und als Parkplatz hergerichtet; jenseits der Gleise entstanden neue Ausstellungsbereiche.

Im Jahr 2002 wurde das Museum komplett umgebaut und besucherfreundlicher gestaltet; es erhielt interaktive Exponate, die bereits hunderttausende begeisterte Besucher hierher gelockt haben. Die Präsentation der Ausstellung und die Auswahl der Dekorationsstücke orientiert sich seit 2003 stärker an Familien mit Kindern und Gruppen. Der fachliche Inhalt der Ausstellung tritt dahinter etwas zurück. Dass dieses Konzept aus Sicht des Museums aufgeht, zeigen die seit 2005 stetig steigenden Besucherzahlen.

Die Sammlung umfasst Dampflokomotiven, Diesellokomotiven, elektrische Lokomotiven, Personen- und Güterwagen und einige Straßenbahnen. In den letzten Jahren wurde ein Großteil der Straßenbahnwagen abgestoßen. Ein Teil der Eisenbahnsammlung steht im Depot oder ist an Museumsbahnen ausgeliehen.

Die Ausstellungen »Vier Welten« des Eisenbahnmuseums bieten den Besuchern einen Einblick in die spannende Geschichte der Eisenbahn in den Niederlanden und den Luxus, in dem der europäische Adel einst reiste.

Die 1. Welt, »Die große Entdeckung«, zeigt unter anderem die erste Dampflokomotive der Niederlande: die Arend (deutsch: Adler).

Die 2. Welt trägt den Namen »Traumreisen«; sie nimmt die Besucher mit auf eine Reise zu exotischen Reisezielen, die Ende des 19. Jahrhunderts beliebt waren.

Die 3. Welt »Stahlmonster« (niederländisch: Stalen Monster) zeigt leistungsstarke Züge wie die Lokomotive 6300, die größte der niederländischen Bahnflotte. Bei einer rasanten Achterbahnfahrt rauschen die Besucher an gewaltigen Zügen und Lokomotiven vorbei.

In der 4. Welt »Die Werkstatt« erleben die Besucher ein Zugerlebnis aus Sicht eines Bahnbetriebswerks.

@ www.spoorwegmuseum.nl

Veluwsche Stoomtrein Maatschappij

Mit Volldampf durchs Gelderland

Die Veluwsche Stoomtrein Maatschappij (VSM) ist eine Museumseisenbahn in Beekbergen in der niederländischen Provinz Gelderland, die 1975 gegründet wurde. Die VSM betreibt einen Dampfzugbetrieb auf ihrer eigenen 22 Kilometer langen Bahnstrecke Apeldoorn–Dieren, nicht weit von der Grenze zu Deutschland entfernt. Zum Einsatz kommen hauptsächlich ehemals deutsche Dampflokomotiven der Baureihe 23, 44 und 50.

Früher zogen schwere Lokomotiven ihre Dampffahnen durch die schöne Landschaft der Veluwe. Die Veluwe ist das große Waldgebiet der Niederlande – der Name wird zumeist als unfruchtbare Aue gedeutet, weil die Landwirtschaft hier nur wenig Ertrag brachte.

Im Jahre 1887 veranlasste der niederländische König Wilhelm III. den Bau der Eisenbahnstrecke Dieren–Apeldoorn–Zwolle. Der König wollte damit die wirtschaftliche Entwicklung der Region fördern; es kam ihm jedoch nicht ungelegen, dass auf diese Weise eine komfortable Verbindung zwischen seinem Schloss Palais Het Loo und seinem bevorzugten Landsitz Hof te Dieren entstand. Wilhelm III. konnte direkt vor dem Palais an einem eigens für ihn angelegten Bahnhof zusteigen. Mit dem Bau dieser Bahnstrecke trat der König in die Fußstapfen seines Großvaters Wilhelm I., der den Apeldoornkanal angelegt hatte. Die Eisenbahn diente nicht nur dem Personenverkehr dieser Region, sondern gab auch der Papierindustrie einen zusätzlichen Aufschwung. Ironischerweise ersetzte die Bahnstrecke Wilhelms III. in ihrer Bedeutung für die Wirtschaft den Kanal seines Großvaters. Kanal und Bahnstrecke deckten in etwa dieselbe Strecke ab und konkurrierten folglich miteinander.

Im 20. Jahrhundert bekam wiederum die Bahnlinie Konkurrenz, und zwar durch den Transport mit Lastwagen. Der Passagierverkehr der Bahn wurde bereits 1947 eingestellt, der letzte Güterzug fuhr 1984. Die Verbindung wird jedoch seit 1975 auf Initiative der privaten »Veluwsche Stoomtrein Maatschappij« (VSM) am Leben erhalten.

Lokomotive 50 3654 und 50 307 fahren am 2. September 2017 anlässlich des Dampfzug-Festivals »Terug naar Toen« von Beekbergen in Richtung Loenen.

Die Lokomotive 52 8139 mit Weihnachtsschmuck nahe dem Bahnhof Eerbeek.

Die VSM sammelt und wartet alte Lokomotiven und Eisenbahnwaggons. Immer, wenn sie diese nostalgischen Züge fahren lässt, wird ein schönes Kapitel der Geschichte der »Veluwe« wieder erlebbar. Abfahrtsort ist der alte Bahnhof von Beekbergen.

Die erste Dampflokomotive der VSM war die 094 055-1, ehemals Deutsche Bundesbahn. Am 14. Juli 1975 machte sie die feierliche Eröffnungsfahrt und leitete damit den Museumsbetrieb auf der alten Bahnstrecke ein. Heute erfreuen sich Groß und Klein an den nostalgischen Fahrten.

Am ersten Wochenende im September organisiert die VSM traditionell das größte Dampfzug-Festival in den Niederlanden unter dem Namen »Terug naar Toen« (deutsch: »Zurück nach damals«). Eine große Anzahl von restaurierten Dampfloks ist dann unterwegs. Zu Weihnachten gibt es Sonderfahrten mit einem festlichen Dinner an Bord des Zuges. Ein festlicher Dresscode ist erwünscht.

@ www.stoomtrein.org

TIPP

Das **Kröller-Müller-Museum** im **Naturpark Hoge Veluwe** verfügt nicht nur über einen der größten Skulpturengärten Europas, sondern beherbergt auch die zweitgrößte Van Gogh-Sammlung der Welt. Mit fast 90 Gemälden und über 180 Zeichnungen ist dem Künstler eine Van Gogh Gallery gewidmet, in der jeweils 40 Werke abwechselnd präsentiert werden.

Elburg war im Mittelalter Teil der Hanse. Genau wie in anderen Hansestädten, blühte in dieser Zeit der Wohlstand in Elburg auf. Und das kann man immer noch sehen. Elburg hat viele Gebäude aus dieser Zeit, wie das Gruithuis, in dem mit Bierkräutern gehandelt wurde und der Vischpoort, ein mittelalterlicher Verteidigungsturm.

Obwohl es eine kleine Stadt ist, warten viele Museen auf Ihren Besuch. Im Agnetenkloster, dem Frauenkloster, aus dem 15. Jahrhundert befindet sich heute das Museum Elburg. In dem Gebäude sind temporäre und Dauerausstellungen zur Geschichte der Stadt zu sehen. Auch die Kasematte – einer der ältesten noch erhaltenen Kanonenkeller – und das Mauerhäuschen, in dem die ärmsten Einwohner Elburgs wohnten, gehören zum Museum Elburg. In der Stadt finden Sie auch besonders viele Möglichkeiten, köstlich Essen zu gehen.

Museum Buurtspoorweg

Die Museumsbahn von Haaksbergen nach Boekelo

Das Museum Buurtspoorweg (MBS) betreibt unweit der deutschen Grenze bei Gronau/Westfalen eine Museumseisenbahn zwischen Haaksbergen und Boekelo in den Niederlanden. Der Verein wurde 1967 gegründet und besitzt mehrere Dampfloks, Dieselloks sowie einen Wismarer Schienenbus.

In den Niederlanden herrscht eine Dampflokbegeisterung sondersgleichen. Am Himmelfahrtstag wird bei unseren Nachbarn der Nationale »Stoomtreindag«, also der nationale Dampfzugtag begangen. Hier, südlich von Enschede und Hengelo, benutzt die MBS Museum Buurtspoorweg (deutsch: »Kleinbahn-Museum«) zwischen Haaksbergen und Boekelo einen Teil der Trasse der frühereren »Geldersch-Overijsselsche Lokaal-Spoorweg-Maatschappij«. Damals war dies eine wichtige Verbindung der Städte in der Region Twente mit Winterswijk.

Wir bereisten die Museumseisenbahn im Juli 2016 mit dem Wismarer Schienenbus. Der Schienenbus stammt von der Delmenhorst-Harpstedter Eisenbahn und wurde dort 1936 in Betrieb genommen. Er war bis 1959 im täglichen Einsatz, dann diente er als Reserve. 1968 erwarb das Museum Buurtspoorweg den Triebwagen. Dort stand er als nicht fahrbereites Museumsstück, bis der Verein 2002 beschloss, den Triebwagen instand zu setzen. Nach dem Beschluss dauerte es zwölf Jahre aufwändiger Restaurationsarbeit; seit 2016 ist er wieder in Betrieb. Wir waren somit die Ersten, die mit dem Schienenbus fahren konnten. Wegen der vorgesetzten Motoren an beiden Wagenenden wird er auch liebevoll »Schweineschnäuzchen« genannt.

Die Bahnlinie wurde 1884/85 von der »Geldersch-Overijsselsche Lokaalspoorweg-Maatschappij« als Lokalbahn zwischen den Bahnhöfen Enschede Noord und Haaksbergen errichtet. Initiator der Lokalbahn war Jan Willink, ein Textilfabrikant aus Winterswijk. Der Personenverkehr wurde auf der Strecke 1936/37 eingestellt, Busse übernahmen die Personenbeförderung. Im Güterverkehr blieb die Strecke zwischen Enschede und Haaksbergen noch bis 1973 in Betrieb, seit 1971 verkehren hier die Museumszüge. Seit 1974 beschränkt sich der Museumsverkehr auf den Streckenabschnitt von Boekelo bis Haaksbergen, da die Strecke nach Enschede durch den Bau der Autobahn A35 unterbrochen und in der Folge abgebaut wurde.

Lokomotive No. 6 »Magda« im Bahnhof Zoutindustrie.

Der Wismarer Schienenbus wurde liebevoll restauriert.

Der Betriebsmittelpunkt der Museumsbahn wurde schrittweise von Enschede nach Haaksbergen verlegt. Hinterm Bahnhof Boekelo liegen zwar noch einige hundert Meter Gleis, das ist aber nicht mehr betriebssicher.

Die Fahrt führte durch die wunderschöne Landschaft von Twente, vorbei an Bauernhöfen, Wiesen und Feldern. An der ersten Straßenkreuzung mussten die Schranken per Schlüssel auf Anforderung in Gang gesetzt werden. An anderen Bahnübergängen wurde der Verkehr mit einer roten Fahne angehalten; oder der Schienenbus kündete sich mit lautem Tuten an. In Boekelo wurde der Schrankenwärter mit einem Pfiff aus seinem Häuschen hervorgelockt. Dann musste er die Schranken per Handkurbel herablassen. An der Schranke befindet sich noch ein funktionierendes Läutewerk. Die Lokführer, die Schaffner und die Schrankenwärter sind natürlich alle im traditionellen alten Stil gekleidet.

In Boekelo legten wir eine Pause ein und konnten die Fahrzeughalle besichtigen. Dort steht ein ganzer Zug, liebevoll restauriert, bestehend aus Abteilwagen mit Holzbänken. Andere Abteilwagen warten noch auf die Restaurierung, hier müssen unter anderem die Bänke neu gepolstert werden. Einen Eisenbahnwagen von 1897 entdeckte der Verein in einem Garten. Er war dort mit Fenstern zweckentfremdet zu einem Gartenhaus umgebaut worden.

Dampflokomotiven vom Feinsten

Auf der Rückfahrt mussten wir im Bahnhof Zoutindustrie (Salzindustrie) den Dampfzug passieren lassen. Dadurch hatten wir Gelegenheit, die gelb lackierte Lokomotive Nummer 6 »Magda« zu fotografieren. Die Lokomotive wurde 1925 von der Metallfabrik Hoboken-Overpelt ausgeliefert. Das Museum besitzt noch sieben weitere Dampflokomotiven, darunter die älteste betriebsfähige Dampflok der Niederlande Nr. 657 »Kikker« von 1901 sowie eine belgische Cokerill-Dampflok aus dem Jahre 1926. Die Loks unterschiedlicher Bauarten von niederländischen, belgischen, schweizerischen und deutschen Herstellern sind vorbildlich restauriert in unterschiedlichen Farben – in Schwarz, Grün und Blau. In jedem Detail spürt man die Begeisterung, den großen persönlichen Einsatz der Vereinsmitglieder und die Liebe zum Detail.

Das Bahnhofgebäude in Haaksbergen stammt aus dem Jahr 1884 und steht unter Denkmalschutz. Darinnen befinden sich ein Museum zur Geschichte der Bahn, ein Andenkenladen und ein Bahnhofsrestaurant.

@ www.museumbuurtspoorweg.nl

Stichting voorheen RTM

Die Kleinbahn der Inseln

Zwischen 1898 und 1966 hat die RTM durch Kleinbahnen, Busse und Fährschiffe Rotterdam mit den südlich gelegenen Inseln verbunden. Jetzt laden die originalen, restaurierten Dampf- und Dieseltrams zu einer nostalgischen Reise ein durch die Dünen Goerees, über den Brouwersdam mit herrlicher Aussicht über den Grevelingensee, zum Hafen von Middelplaat und weiter zum Dorf Scharendijke.

Einsteigen bitte! Der Heizer schaufelt noch Kohlen ins Feuer und der Lokführer betätigt die Pfeife. Nehmen Sie Platz zu einer Zeitreise in die Vergangenheit. Die Schaffner erzählen uns die Geschichte der »Rotterdamsche Tramweg Maatschappij«, einst das größte Transportunternehmen in der Region. Die Kleinbahn ist das Überbleibsel eines 235 Kilometer langen Straßenbahnetzes auf den Inseln Süd-Hollands und Schouwen-Duiveland. Die Buchstaben RTM stehen dabei für »Museum Stichting voorheen Rotterdamsche Tramweg Maatschappij« (deutsch: »Museum Stiftung ehemalige Rotterdamer Straßenbahngesellschaft«). Von dem einst ausgedehnten Streckennetz werden heute noch sieben Kilometer in Kapspur (1.067 Millimeter Spurweite) befahren. Die RTM ist neben der Straßenbahn im Freilichtmuseum Arnhem die einzige Linie in den Niederlanden in Kapspur. Die Dampf- und Diesel-Straßenbahnen der RTM beförderten nicht nur Passagiere, sondern transportierten auch landwirtschaftliche Produkte, Vieh und Baustoffe.

Nach der Flutkatastrophe vom 31. Januar 1953 verlor die RTM an Bedeutung. Allein in den Niederlanden brachen auf einer Länge von fast 200 Kilometern die Deiche. Innerhalb einer halben Stunde stand das Wasser zwei bis drei Meter hoch. 100.000 Menschen verloren ihr Zuhause, mehr als 1.800 Menschen starben. Zudem gab es 300 Tote in Belgien und England, die von der Sturmflut ebenso überrascht wurden. Auch in Deutschland und Dänemark brachen Deiche. Die Sturmflut von 1953 hat in der Geschichte der Niederländer einen bleibenden Eindruck hinterlassen und wird auch einfach »de Ramp« (die Katastrophe) genannt. Ergebnis war der Deltaplan, ein ausgeklügeltes System aus Sturmflutsperrwerken, Dämmen und Flutwehren. Im 20. Jahrhundert folgten moderne Konzepte für die großen Deltas, Flussbetten wurden verbreitert und Überflutungsgebiete eingerichtet.

Ein Dampf-Güterzug auf dem Brouwersdam.

Triebwagen M1804 mit zwei Personenwagen.

Flutbarriere der Deltawerke.

In Ouwerkerk entstand das »Watersnoodmuseum« mit einer Ausstellung zur Flutkatastrophe. Dort steht auch das nationale Denkmal, an dem am 1. Februar jährlich der Opfer gedacht wird.

Die Flutkatastrophe von 1953 führte zu verheerenden Überschwemmungen.

Mit dem Bau der Deltawerke wurden die Fährverbindungen und Straßenbahnverbindungen bald überflüssig. Die RTM stellte mehr und mehr auf Busverkehr um. Die letzte Überlandstraßenbahn der RTM südwestlich von Rotterdam – wegen der vielen Unfälle in den dicht besiedelten Gebieten im Süden Rotterdams bald »het moordenaartje« (der kleine Mörder) genannt – wurde im Februar 1966 stillgelegt. Danach ergriff der im Jahr 1965 gegründete Verein die Chance, einen Großteil des verbliebenen Fahrzeugparks zu bewahren. Unter schwierigen Umständen gelang es dem Verein, das alte Straßenbahndepot in Hellevoetsluis (Tram Port) zu erhalten. Nachdem sich die Beziehungen zu der Gemeinde verschlechtert hatten, beschloss der Verein, den Standort zu wechseln, was dann im Jahr 1989 geschah. Mit der Zeit wurde ein Fahrzeugdepot westlich von Ouddorp (am Brouwersdam) und eine kurze Straßenbahnstrecke – unter anderem auf dem Brouwersdam – errichtet. Diese wurde bis April 2007 zunächst bis nach Middelplaat Haven mit Umsteigemöglichkeit zum touristischen Schiffsverkehr verlängert. Am 16. November 2011 wurde die Strecke abermals bis zum neuen Endbahnhof »West Repart/Dolfijn« erweitert. Somit wird der Brouwersdam auf ganzer Länge befahren.

Die RTM besitzt drei Dampflokomotiven, zwei Diesellokomotiven sowie Dieseltriebwagen, einige Personenwagen mit Holzaufbau und zahlreiche Güterwagen aus den Jahren nach 1950. Seit mehreren Jahren befinden sich auch Fahrzeuge aus der Sammlung des niederländischen Eisenbahnmuseums bei der RTM. Die »Busgroep« (Busgruppe) der RTM hat einige historische Busse in ihrer Sammlung. Im Museumsladen sind Bücher und Andenken erhältlich.

Ein Besuch im Kleinbahnmuseum ist nicht nur ein Erlebnis für Kinder, sondern begeistert auch Erwachsene. Eine kombinierte Bahnreise mit Schifffahrt zurück über den Grevelingensee ist eine schöne Idee für einen Ausflug.

@ www.rtm-ouddorp.nl

Freilichtmuseum Arnheim

Der kleinste Straßenbahnbetrieb der Niederlande

Im Freilichtmuseum von Arnheim wird die Geschichte der Niederlande in Holz und Stein bewahrt. Viele Gebäude zeigen das Leben in den Niederlanden von früher. Eine Straßenbahnlinie lädt ein zur Zeitreise durch die Ausstellung; diese Museumsbahn ist der kleinste Straßenbahnbetrieb der Niederlande.

Das Erlebnismuseum ist voller Geschichten. Sie stecken in den historischen Häusern, Mühlen, Betrieben – unter anderen eine Dampfmolkerei, eine Werft und eine Brauerei, mehreren Bauernhöfen und Katen im Museumspark. Im Jahre 1912 gründeten einige besorgte Privatleute den Verein »Het Nederlandsch Openluchtmuseum«. Sie befürchteten, dass durch die zunehmende Industrialisierung und Urbanisierung ein großer Teil an niederländischen Traditionen und regionaler Vielfalt verloren gehen würde. Ende des 19. Jahrhunderts fanden in den Niederlanden in rasantem Tempo Veränderungen statt. Die industrielle Revolution brachte Fortschritt und Wohlstand, doch die Handwerksbetriebe und Traditionen drohten verloren zu gehen. Die Museumsgründer pachteten von der Gemeinde Arnheim das Landgut De Waterberg. Nachdem sechs Gebäude auf dem Gelände des Landguts errichtet worden waren, wurde das Erlebnismuseum am 13. Juli 1918 eröffnet.

1941 wurde das Museum in »Reichsmuseum für Volkskunde« umbenannt; und der alte Verein wurde zum »Verein der Freunde des Niederländischen Freilichtmuseums«. Während der Schlacht um Arnheim 1944 bot das Museum Evakuierten und Widerstandskämpfern Schutz, bis diese durch den Krieg auch von hier vertrieben wurden. Im Krieg wurden nicht nur einzelne Gebäude zerstört, auch die wertvolle Sammlung regionaler Trachten und das buntbemalte Mobiliar gingen verloren.

1987 war für das Erlebnismuseum ein stürmisches Jahr. Gerade in dem Jahr, in dem es sein 75-jähriges Bestehen feierte, drohte die Regierung das Museum zu schließen. Doch es hagelte Proteste aus der Bevölkerung; und ob das nun ausschlaggebend war oder nicht – nach einigen Jahren der Unsicherheit nahm am 1. Januar 1991 die »Stiftung Das Erlebnismuseum« die Verantwortung für ein selbstständiges Fortbestehen auf sich. Die Gebäude und Sammelobjekte blieben jedoch in Staatsbesitz. Für Verwaltung und Unterhalt erhält die Stiftung jährlich einen Zuschuss vom Staat, während das Museum selbst für den laufenden Betrieb verantwortlich ist.

Der Triebwagen 535 lief bei der Rotterdamer Straßenbahn und stammt aus den 1930er-Jahren.

Im Depot gibt es noch mehr Bahnen zu sehen: Der Triebwagen 76 ist eine Nachbildung der Straßenbahnen, die bis 1944 durch Arnheim fuhren.

In den darauffolgenden Jahren entwickelte das Freilichtmuseum ein ganz eigenes Museumsformat. So wird beispielsweise in einem monumentalen Wohnbauernhof, der vor der bisher einzigen Hochgeschwindigkeitsstrecke der Niederlande (Schiphol–Antwerpen) weichen musste, die Entwicklung auf dem Lande beleuchtet. Über Migranten wird in der »Molukkenbaracke« berichtet. Hier wird die tragische Geschichte der Molukker dargestellt. Ihre Ankunft 1951 und die ersten Jahre in einer neuen, kalten Heimat. Der »Indische Hinterhof« verkörpert die Erinnerungen von Migranten aus Indonesien. Bereits 1911 ließen sie sich in den Niederlanden nieder. Ab 1950 folgten die Chinesen. Heutzutage ist chinesisches Essen praktisch ebenso typisch niederländisch wie das Essen eines Matjesherings.

Auch die Amsterdamer Westerstraat spielt bei der Migration eine Rolle. Von den Töpfern, die sich im 17. Jahrhundert in der Stadt niederließen bis hin zu den ersten Gastarbeitern, die um 1970 in ein altes zur Türkenpension umgebautes Tapetengeschäft zogen. Im Postamt werden Pakete an die Familienangehörigen aufgegeben; und im Lokal spricht man über den Umzug nach Almere.

Der Groninger Landarbeiterstreik im Jahre 1929 – der beinahe ein Jahr dauerte – beleuchtet die Schattenseite der niederländischen Geschichte. Zusammen mit der Dauerausstellung »Spaarstation Dingenliefde« – über Sparen, Bewahren und Sammeln – und die auf Panoramen aus dem 18. Jahrhundert basierende museale Attraktion »HollandRama«, überzeugten die Neuerwerbungen das »Europäische Museums Forum« (European Museum Forum) vom neuen Museumskonzept. Im Mai 2005 erhielt das Museum daher die Auszeichnung »Europäisches Museum des Jahres«.

Seit 1996 fährt eine Straßenbahn auf einem Rundkurs durch das Gelände. Die Gleise sind in Kapspur angelegt (1.067 Millimeter Spurweite); viele niederländische Straßenbahnbetriebe hatten diese Spurweite. Im Depot können Fahrzeuge aus Rotterdam, Amsterdam, Den Haag und Arnheim aus den Jahren 1920 bis 1980 besichtigt werden. Bei dem Triebwagen der Arnheimer Tram handelt es sich um den Nachbau eines Triebwagens aus dem Jahr 1929. Von 1911 bis 1944 gab es in Arnheim einen Straßenbahnbetrieb. Fahrzeuge und Anlagen wurden in der »Schlacht von Arnheim« (Operation Market Garden) im September 1944 zerstört. Nach dem Krieg wurde das zerstörte Straßenbahnnetz nicht mehr aufgebaut, sondern ein O-Busnetz errichtet. In den Sommerzeiten verkehrt die Straßenbahn alle 5 bis 7 Minuten; die Fahrt ist kostenlos. Man kann also so viele Runden drehen wie man will.

@ www.openluchtmuseum.nl

Stoomtrein Goes-Borsele

Mit Dampf durch die Zeeländische Provinz

Eine Fahrt mit dem Dampfzug von Goes über Kwadendamme bis zum pittoresken Dorf Hoedekenskerke versetzt Sie zurück in die Eisenbahnzeit der 1930er-Jahre. Auf den Holzsitzen der 3. Klasse oder auf den Polstern in der 1. und 2. Klasse genießen Sie eine romantische Zugfahrt im nostalgischen Ambiente. Der Dampfzug Goes-Borsele durchquert dabei die schöne Landschaft von Zuid-Beveland in der Provinz Zeeland.

In den 1920er-Jahren legte die »Spoorweg-Maatschappij Zuid-Beveland« ausgehend von Goes einige Trambahnlinien an. Diese wurden mit Motortriebwagen vergleichbar den ersten Schienenbussen der Deutschen Reichsbahn betrieben. Aber bereits nach einigen Jahren kam der Reiseverkehr zum Erliegen, nur der Güterverkehr wurde noch eine Weile durchgeführt. Die Linien nach Wemeldinge und Wolphaartsdijk wurden 1942 stillgelegt und abgebaut. Die Linien nach Hoedekenskerke und Borsele blieben noch bis 1972 für den Güterverkehr bestehen. 1972 nahm hier die Museumsbahn ihren Betrieb auf. Die Dampfzüge können nur bis Hoedekenskerke fahren. Dort besteht die Möglichkeit, die Lokomotive umzusetzen und zum Wasserfassen an einem eigens hier wieder errichteten alten Wasserkran. Bis Baarland fahren nur die Motortriebwagen. Das Gleisstück zwischen Oudelande und Borsele wurde abgebaut.

Wir besuchten die Museumsbahn im August 2017 im Rahmen einer Studienreise mit der Deutschen Gesellschaft für Eisenbahngeschichte (DGEG). Goes (gesprochen »Chuus«) ist ein Bahnhof an der Hauptstrecke Roosendaal–Vlissingen. In Goes befinden sich das Depot und die Werkstätten der Museumsbahn. Die Bahn verfügt über vier Dampfloks, sieben Dieselloks, zwei E-Loks, zwei Schienenbusse, zwölf Reisezugwagen, sechs Packwagen und circa 30 Güterwagen. Aus der Prignitz kamen drei Uerdinger Schienenbusse nach Goes. Während ein Verbrennungstriebwagen und ein Beiwagen regelmäßig zum Einsatz kommen, dient das Fahrgestell des dritten Wagens als Basis bei der Rekonstruktion eines zweiachsigen Triebwagens aus der Trambahn-Zeit. Wir hatten vor Abfahrt des Zuges noch Gelegenheit, diese zu besichtigen.

Die US-Dampflok fährt nicht durch die Prärie, sondern durch die Provinz Zeeland.

Wasserfassen in Houdenskerke.

Auch ein Uerdinger Schienenbus gehört zum Fahrzeugpark.

Zu unserer Überraschung war unser Zug mit einer US-Lokomotive bespannt. Die schwarzlackierte Dampflokomotive mit der Nummer 4389 und der Aufschrift Transportation Corps U.S. Army wurde 1943 in Davenport (USA, Bundesstaat Iowa) gebaut. Nach dem Krieg diente sie als Werkslok bei den Oranje Nassaumijnen in Süd-Limburg. Statt Warnwesten trägt das Lokpersonal weiße Hemden mit Krawatte. So fein macht man sich in den Niederlanden für den Museumsdienst! Kurz hinter dem Bahnhof Goes überquert der Zug die Grote Waterleiding. Noch auf dem Stadtgebiet von Goes gab die Lok entlang der Elvis-Presley-Laan Volldampf. Ohne Halt ging es durch den früheren Bahnhof 's-Gravenpolder-'s-Heer Abtskerke. Gehalten wurde erst wieder in der Station Palmboomseweg. Vor dem Übergang des Bernhardsweg Oost muss die Lok nicht bimmeln, das übernimmt für sie mit voller Lautstärke schon die Schrankenanlage. In Kwadendamme machten wir einen Fotohalt: Der Zug setzte zurück, und beim Vorfahren klickten die Kameras im Akkord.

Für die Dampflok ist in Hoedekenskerke das Ende der Reise. Hier wird die Lokomotive auf die andere Seite des Zuges gefahren, so dass der Zug für die Rückfahrt bereit ist. Bevor jedoch die Lokomotive wieder ankuppelt, muss zuerst Wasser nachgefüllt werden. Eine solche Dampflokomotive verbraucht 6.000 Liter Wasser pro Tag. Ein ziemlich durstiger Typ! Der Bahnhof von Hoedekenskerke liegt am Fuße des Westerscheldedijk. Vom Deich und dem Hafenplateau hat man einen schönen Blick auf Zeeuws-Vlaanderen (deutsch: Seeländisch Flandern) und auf den regen Schiffsverkehr von und nach Antwerpen.

Dem emotionalen Eisenbahnerlebnis verlieh gewiss auch die amerikanische Lokpfeife mit ihrem ganz speziellen Klang zusätzliche Phantasien. Bei manchem Fahrtteilnehmer werden sicherlich Gedanken an Eisenbahnsongs aus dem Country&Western-Genre aufgekommen sein.

@ www.destoomtrein.nl

Die Süd-Limburgische Dampfeisenbahn

Die einzige »Gebirgsbahn« der Niederlande

Das Bahnprojekt war gigantisch: Mehr als 3,5 Millionen Kubikmeter Erde mussten für den Höhenausgleich bewegt werden, auf einer Strecke von 12,5 Kilometern wurden etliche Einschnitte, Brücken und Dämme gebaut; und unterm Strich kostete das Vorhaben 12 Millionen Gulden. Eine Summe, die der Eisenbahnstrecke zwischen Schin op Geul und Kerkrade im Volksmund den Namen »de Miljoenenlijn« (Millionenlinie) einbrachte.

Die »Millionenlinie« ist Teil des Bahnstreckennetzes in Süd-Limburg, das zu den ältesten in Europa zählt. Schon 1854 pendelte eine Dampflok zwischen Aachen und Maastricht, vierzig Jahre später auch auf der Strecke Sittard–Herzogenrath. Die Bahnhöfe und Gleisanlagen prägen seit dieser Zeit die Kulturlandschaft der Euregio Aachen. Der Bau der Strecke wurde 1925 durch einen Eisenbahnbaubetrieb aus Utrecht, ein Tochterunternehmen der »Nederlandse Spoorwegen« (NS), ausgeführt. Die Strecke wurde ursprünglich als Zechenbahn angelegt für den Abtransport der Steinkohle. Das Bauen war mühsam und teuer. Damals wurde für die ungeheure Summe von mehr als 1 Million Gulden pro Kilometer eine Bahnverbindung zwischen Kerkrade und Simpelveld gebaut, mit Anschluss an die Kohlenbahn der Aachen-Maastrichter-Eisenbahn und in die übrigen Niederlande. Durch den Steinkohleabbau drohten immer wieder Absackungen durch Bergsenkungen. Um den Höhenunterschied so gering wie möglich zu halten, mussten in der Hügellandschaft enorme Erdmassen bewegt werden. Während im Tal des Anselerbeek in Kerkrade um 32 Meter erhöht werden musste, liegt die Bahnlinie zwischen Kerkrade und Simpelveld 18 Meter unter der Bodenoberfläche, um größere Steigungen oder Talfahrten zu vermeiden.

Nachdem 1969 im Rahmen des Zechensterbens im Aachen-Limburger Revier die Grube Domaniale Mijn bei Kerkrade geschlossen wurde, war die von den Nederlandse Spoorwegen nur noch zum Personenverkehr betriebene Bahnstrecke Schaesberg–Simpelveld nicht mehr rentabel und wurde am 28. Mai 1988 stillgelegt. Um den Abbau der Strecke zu verhindern, gründete eine Gruppe eisenbahnbegeisterter Limburger die Süd-Limburgische Dampfeisenbahn Gesellschaft, die »Zuid-Limburgse Stoomtrein Maatschappij ZLSM«.

1995 richtete die ZLSM einen Museumsbetrieb ein. Dampfloks sollten in Simpelveld verkehren, aber in den Niederlanden waren keine Dampfrösser mehr zu bekommen. Durch den »Prinz-Bernhard-Kulturfonds« wurde eine erste schwedische Dampflokomotive gespendet. Als sich die Chance ergab, vier Dampfloks aus Schweden zu übernehmen, griffen die Eisenbahnfreunde sofort zu. Die Personenwagen wurden in Belgien gefunden und aufwändig restauriert. Schließlich war es am 16. April 1995 morgens um 10 Uhr soweit: Der erste Dampfzug verließ die Station Simpelveld in Richtung Schin op Geul.

Heute unterhält die ZLSM mehrere Linien ausgehend vom historischen Bahnhof Simpelveld in Richtung Heerlen sowie in Richtung Schin op Geul und Valkenburg. Eine Linie führt über die Landesgrenze nach Aachen-Vetschau. Dieses letzte Stück über deutsches Gebiet wird mit einem deutschen Schienenbus der Baureihe 798 aus den 1950er-Jahren befahren. Auf dem niederländischen Gleisabschnitt kommen belgische Personenwagen der Firma Baume & Marpent aus dem Jahre 1934, die von der Belgischen Staatsbahn zur Verfügung gestellt wurden, und Pullman-Salon-Restaurant-Wagen aus dem umfangreichen Fahrzeug-Fundus des Vereins zum Einsatz. Die zwei 1927er-Pullman-Salonwagen der Firma »Metropolitan-Cammell Carriage and Wagon Company Ltd« stammen von der »Compagnie Internationale des Wagons-Lits« aus dem englischen Birmingham.

Die Fahrten mit der ZLSM sind ein besonderes Erlebnis! Einmal wegen der Schönheit des limburgischen Hügellandes, das auch als »niederländische Schweiz« bekannt ist. Aber auch das Einsteigen und Platznehmen in den von ehrenamtlichen Helfern gepflegten Waggons, das Zischen und Pfeifen der Kessel und das Flair vergangener Zeiten macht Kindern wie Erwachsenen gleichermaßen Spaß. Die Haltepunkte auf den Strecken machen eine Tagesplanung mit Wander- und Fahrradrouten möglich – man kann natürlich Fahrräder mitnehmen. Hunde übrigens auch, das kostet nur einen kleinen Aufpreis. Die Strecken der ZLSM sind überwiegend eingleisig, zwei Gleise liegen nur zwischen Wijlre und Schin op Geul.

Das Bahnhofsrestaurant in Simpelveld, der ehemalige Visitationsraum des Zolls, das im Stil der 1920er-Jahre eingerichtet worden ist, lädt zudem zum Verweilen ein. Dort wo sich heute die Küche befindet, saß seinerzeit der Kassierer. Auf dem Bahnhofsgelände werden unter anderem eine Drehscheibengrube, ein Wasserturm und ein Wasserkran, ein Kohlenbunker sowie Werk- und Wagenhallen mit Lokomotivwerkstatt präsentiert.

Durch die niederländische Schweiz

Wir besuchten die »Millionenlinie« am 3. Oktober 2016. Der Zug wartete schon abfahrbereit im Bahnhof von Simpelveld. Auf dem Bahnhof scheint die Zeit stehengeblieben zu sein. Alte Koffer stehen vergessen auf dem Bahnsteig, als warteten sie darauf, abgeholt zu werden. Die Reklametafeln werben für Produkte, die es längst nicht mehr gibt. Und die Uhrzeiger müssen per Hand gedreht werden, um den Fahrgästen die Abfahrts- oder Ankunftszeit der Züge anzuzeigen. Als der Bahnhof in Betrieb ging, war er mit 100 Metern Länge einer der größten im Süden der Niederlande. Damals suchten die Menschen in den Steinkohleminen Arbeit. Die Transporte in das südlimburgische Steinkohlerevier steigerten sich enorm. Simpelveld wurde zu einem bedeutenden Grenzbahnhof.

Die schwedische Dampflokomotive E1090 stand schon unter Dampf, sie holte noch schnell den Pullman-Restaurant-Wagen vom Nebengleis ab und kuppelte ihn an unseren Zug an. Von Simpelveld aus ging es zunächst nach Wiljire. Der Zug dampfte über einen Damm, rechts und links mit Blick auf das limburgische Hügelland. Täuschen uns unsere Augen oder ist das nicht ein Weinberg? Wein aus den Niederlanden? Das klingt kurios, aber inzwischen gibt es in der Region auf niederländischer Seite gut 30 professionelle Winzer, von denen jeder mehr als 1.000 Flaschen Wein im Jahr abfüllt. Mehr als 230 Weingärten gibt es in unserem Nachbarland – ganz große und eher kleine. Selbst in einer der nördlichen Provinzen, in Friesland gehen einige Weinliebhaber dem Weinanbau nach. Die größten Gärten findet man aber im südlichsten Zipfel der Niederlande zwischen Aachen und Maastricht. Seit 45 Jahren wird in dieser Region wieder Wein hergestellt. Dabei werden in Süd-Limburg schon seit dem 13. Jahrhundert Reben angepflanzt. Böden und Klima schaffen dort ähnlich gute Bedingungen wie im französischen Burgund. Bis ins 19. Jahrhundert hinein gab es in Süd-Limburg schon Weinanbau, danach verschwanden die Weinberge nach und nach. Vielleicht war es Napoleon I., der den Weinanbau in Frankreich stärken wollte und deshalb die Weinberge in Limburg während der französischen Besatzung verrotten ließ. Oder es waren einfach nur einige schlechte Sommer, die dazu führten, dass die Bauern sich auf den Obstanbau spezialisierten. So genau weiß das heute niemand mehr.

In unserem Wagen funktionierte die Dampfheizung nicht richtig: Während der Übergang zwischen den Waggons in Dampf gehüllt war, froren wir an diesem frischen Oktobertag. Der Schaffner tauchte überraschend aus einer Wolke Dampf auf. Man kann natürlich auch seine Karte beim Schaffner kaufen, wenn man unterwegs zugestiegen ist.

Die E1090 der schwedischen Firma Nydquist & Holm aus dem Jahr 1911 am 2. Oktober 2016 im Bahnhof Simpelveld. Sie hat eine Linkssteuerung.

Der Pullman-Restaurant-Wagen wird noch rangiert und dann an den bereitgestellten Zug angekuppelt.

In Schin op Geul endet die Museumsbahn in dieser Richtung. Das Umsetzen der Lok zog natürlich alle ins Freie. Wir fragten den Lokführer, ob die Linkssteuerung ein Problem für ihn sei – schließlich wird in den Niederlanden auch rechts gefahren. Aber Lokführer und Heizer meinten, dies sei eine Gewöhnungssache. Nun ging es zurück nach Simpelveld. Während hier viele Fahrgäste den Zug verließen, fuhren wir noch weiter bis Kerkrade. Hier wurde die Lok wieder umgesetzt. Nachdem die ZLSM im Jahr 2012 Liquiditätsprobleme bekommen hatte, erwarben die Provinz Limburg sowie die vier Anliegergemeinden Valkenburg, Simpelveld, Kerkrade und Gulpen-Wittem die Strecke am 12. Dezember 2013 und sicherten mit notwendigen Investitionen in die kostspielige Wartung der Infrastruktur den Erhalt dieser faszinierenden Museumsbahn.

@ www.zlsm.de

TIPP

In Kerkrade zeigt das Museum »Industrion« die Industriegeschichte und das Leben in Süd-Limburg in den vergangenen 200 Jahren.

Belgien

Die Kusttram

Straßenbahnfahrt mit Meeresblick

Die Kusttram, auf Deutsch »Küstentram«, ist das ideale Transportmittel, um die flämische Küste zu entdecken. Die Küstentram bringt Urlauber, Ausflügler und Erholungssuchende den ganzen Tag bis ins Herz aller 14 belgischen Badeorte. Sie fährt zwischen Knokke und De Panne, teilweise direkt an der Nordseeküste entlang. Die Fahrt mit der Straßenbahn erspart die lästige und zeitraubende Parkplatzsuche.

Die belgische Küste ist nur 70 Kilometer breit. Auf einer Länge von 68 Kilometern mit 68 Haltestellen gilt die Küstentram, flämisch »Kusttram« (gesprochen »Küsttram«), als längste Straßenbahnlinie der Welt. Die Strecke ist durchgehend zweigleisig ausgebaut, mit 600 Volt Gleichstrom elektrifiziert und führt von Adinkerke, dem Standort des Bahnhofs von De Panne an der Grenze zu Frankreich, über Nieuwpoort, Oostende (deutsch: Ostende) und Zeebrügge bis zum Bahnhof von Knokke-Heist, rund sechs Kilometer von der Grenze zu den Niederlanden entfernt. Ursprünglich bestand die Kusttram dabei aus zwei getrennten Linien: die Linie 1 führte von Knokke nach Oostende, die Linie 2 von Oostende nach De Panne. Im Abschnitt zwischen Oostende und Middelkerke führt die Strecke unmittelbar an der Nordseeküste entlang, die anderen Abschnitte führen durch Dünenlandschaften oder durch die Orte.

Die Küstenstraßenbahn ist ein Überbleibsel des Überlandnetzes der nationalen belgischen Kleinbahngesellschaft NMVB (»Nationale Maatschappij van Buurtspoorwegen« niederländisch beziehungsweise französisch »Société Nationale des Chemins de fer Vicinaux«, SNCV). Der erste Streckenabschnitt zwischen Oostende und Nieuwpoort wurde am 5. Juli 1885 als meterspurige Dampfstraßenbahn eröffnet, 1890 wurde der Abschnitt Oostende–Knokke fertiggestellt. Die Küstentram diente nicht nur dem Personenverkehr, sondern auch dem Warentransport zwischen den Küstenorten. Mit der Elektrifizierung wurde 1912 begonnen, später wurde der Abschnitt Nieuwpoort–De Panne-Esplanade gebaut. 1913 nahm die längste Straßenbahn der Welt ihren Dienst auf.

Der jüngste Abschnitt von De Panne-Esplanade zum Bahnhof De Panne-Adinkerke wurde erst 1998 eröffnet. Die Kusttram wird heute vom Nahverkehrsunternehmen »De Lijn« betrieben. Die Bedingungen auf der Küstentram sind besonders rau: durch die salzhaltige Meeresluft und den Sand verschleißen die Fahrzeuge schneller als im Inland. Der Sand wirkt wie Schmirgelpapier; und durch Salzfraß entsteht Rost an der Karosserie. Deshalb müssen die Fahrzeuge häufig gewartet werden. Eine Wartung gibt es alle 10.000 Kilometer, eine große Inspektion nach 30.000 Kilometern. Alle vier bis fünf Jahre werden die Räder gewechselt.

Während noch in den 1970er-Jahren teilweise nur ein Zug stündlich verkehrte, wurde der Betrieb seit den 1980er-Jahren kontinuierlich verbessert. Neue sechsachsige Gelenktriebwagen und ein attraktiveres Fahrplanangebot sorgten für mehr Fahrgäste. In den Sommermonaten verkehren die Bahnen zeitweise im Zehn-Minuten-Takt. Im Sommer sind es bis zu vier Millionen Passagiere, vor allem durch die Touristen.

Zusätzliche Fahrzeuge kommen deshalb aus dem Landesinnern zur Verstärkung an die Küste. Die ebenfalls meterspurigen Straßenbahnbetriebe in Antwerpen und Gent liehen deswegen in der Vergangenheit schon Fahrzeuge an die Kusttram aus. In den Sommermonaten haben die Studenten Semesterferien, so dass die Fahrzeuge dort nicht gebraucht werden. Die Küstentrams erkennt man daran, dass sie breiter sind, weil die Reisenden ja auch ihre Koffer mitbringen. Außerdem sind die Fenster der Fahrzeuge größer für eine bessere Sicht.

Auf der Kusttram kommen ausschließlich Einrichtungsfahrzeuge zum Einsatz, an den Endstellen und an einigen Zwischenstationen stehen hierfür Wendeschleifen zur Verfügung. Alle Fahrzeuge erhielten ein mittelfluriges Mittelteil. Beheimatet sind die Fahrzeuge in zwei größeren Depots in Knokke und Mariakerke, darüber hinaus gibt es in De Panne eine kleinere Wagenhalle.

Für die einfache Strecke benötigt die Kusttram zwei Stunden und 23 Minuten einschließlich zwei Minuten Aufenthalt in Oostende. An größeren Stationen ist ein Fahrkartenkauf am Schalter möglich. An kleineren Stationen kann die Fahrkarte mit Aufpreis auch beim Triebfahrzeugführer gekauft werden. Mit der Tageskarte kann man bis 3 Uhr nachts unterwegs sein, an jeder beliebigen Station aus- und einsteigen und sich die Stadt oder den Strand anschauen.

Oben: Kusttram an der Haltestelle »Domein Raversijde« südlich von Ostende am Strand.
Unten: Historische Tram in De Panne.

Eine Linie, viele Möglichkeiten zum Verweilen und Entdecken

Zwischen Oostende und Middelkerke fährt die Küstentram direkt am Meer entlang. Dies ist der älteste Streckenabschnitt. Schon in den 1880er-Jahren reisten viele Belgier an die Küste, so dass man dringend eine Bahnverbindung zwischen den Küstenorten benötigte. Leider wird der Blick auf das Meer durch die Hinterlassenschaften des martialischen »Atlantikwalls« etwas getrübt. Diese monströsen Bunkeranlagen versinken allerdings langsam im Sand. Das König-Albert-Monument bei Nieuwport wurde auf Initiative und mit Unterstützung der Kriegsveteranen des Ersten Weltkriegs errichtet. Der deutsche Vormarsch konnte im Jahre 1914 vor Nieuwpoort gestoppt werden, und zwar durch Überflutung der Polderlandschaft am Fluss Yser (flämisch: Ijzer). Am ersten Sonntag im August findet hier jährlich die Ehrung für Seine Majestät König Albert I. und die Helden der Ijzer statt. Im Besucherzentrum »Westfront Nieuwpoort« auf der Terrasse des Denkmals wird diese Episode des Krieges interaktiv dargestellt.

Die Küstentram führt nicht nur am Strand vorbei, sondern in den Städten auch an den Hotelhochburgen und Appartementwohnungen für Ruheständler, die ein Zimmer mit Meeresblick ihr eigen nennen. Diese Hochhäuser sind nicht schön anzusehen, dafür entschädigen aber kleine Küstenorte das Auge des Reisenden.

In Oostduinkerke bieten die Garnelenfischer, die auf Pferden fischen gehen, ein besonders Spektakel. Die Garnelenfischerei auf Pferden hat eine über 500 Jahre alte Tradition. Meist waren es Bauern, die sich mit ihren Kaltblütern ein kleines Zubrot durch die Fischerei verdienten. Mit langen Schleppnetzen ziehen die Fischer in die Fluten. 2013 wurde die Fischerei vom Pferd von der UNESCO zum immateriellen Weltkulturerbe Flanderns erklärt.

Der Strand von De Panne hat keine Wellenbrecher und ist mit 450 Metern bei Ebbe der breiteste der belgischen Küste. Dadurch eignet sich De Panne ideal für das Strandsegeln, das hier erfunden wurde, als im Jahre 1898 die Brüder Dumont den ersten Strandsegler vorstellten. Bei gutem Wind flitzen die Strandsegler auf drei Rädern und mit einem Segel mit bis zu 120 Stundenkilometern über den Sand.

In den Orten verläuft die Trasse der Kusttram fast mitten in der Straße, außerhalb haben die Trams ein eigenes Gleisbett. Hier dürfen die Straßenbahnen bis zu 70 Stundenkilometer schnell fahren, während in den Städten die Geschwindigkeit an den Fußgänger- und Radfahrerverkehr angepasst ist.

Gleichzeitig gelangt man mit der Küstentram auch zu den Orten, die Flandern spannend machen, wenn das Wetter mal nicht zum Baden einlädt. In Oostende kann man im Fort Napoleon tief in die Militärgeschichte eintauchen. Im Auftrag von Napoleon I. wurde es Anfang des 19. Jahrhunderts errichtet. In beiden Weltkriegen diente es als Artillerielager; und ab 1995 wurde es umfassend renoviert. In »Coq-sur-Mer« (flämisch: »De Haan aan Zee«, deutsch: »Der Hahn auf See«) gibt es noch das einzig erhaltene Bahnhofgebäude der Kusttram aus der Zeit um 1900. Es ist das letzte Zeugnis der Belle Epoque an der Tram. Der tierische Name der Stadt geht zurück auf ein Schiff in Seenot: Es hatte den Hafen von Oostende in stürmischer See verpasst, durch einen krähenden Hahn an Bord wurden jedoch die Retter auf das Schiff aufmerksam und konnten es vor dem Untergang bewahren.

Aber es gibt noch mehr zu entdecken: Das Leben unter Wasser lässt sich in Blankenberge erforschen, wo man im Sea Life die Tierwelt der Ozeane beobachten kann. Was sich auf dem Wasser abspielte, gibt es im Nationalen Fischereimuseum in Oostduinkerke zu entdecken, das die Geschichte der Seefahrerei erzählt, sowie im Seafront Zeebrügge, dessen Highlight ein 100 Meter langes russisches U-Boot ist.

In Knokke Heist gibt es im Grenzgebiet zwischen Belgien und den Niederlanden das Naturreservat »Het Zwin« – ein Intergezeitengebiet, das zweimal am Tag vom Meer überflutet wird. Im Museum gibt es viele interaktive Elemente.

Mit der Kusttram gibt es noch Vieles zu entdecken. Setzen Sie sich am besten ans Fahrzeugende. Durch das Panoramafenster hat man den besten Ausblick. Übrigens führt auch ein Museumstramverein hauptsächlich in den Sommermonaten regelmäßig an den Wochenenden Fahrten mit historischen Fahrzeugen durch. In De Panne gibt es ein kleines Trammuseum. Hier werden die Fahrzeuge gewartet, restauriert und dem Publikum präsentiert.

@ www.delijn.be

Die **Nationale Kleinbahngesellschaft** (NKG), *Nationale Maatschappij van Buurtspoorwegen* (NMVB, niederländisch) bzw. *Société Nationale des Chemins de fer Vicinaux* (SNCV, französisch) war eine staatliche Gesellschaft, die in Belgien Schmalspurbahnen, Straßenbahnen und Autobuslinien betrieb. Die NKG wurde 1884 gegründet. Ihre Aufgabe war es, die Regionen Belgiens mit öffentlichen Verkehrsmitteln zu erschließen, die nicht von der Staatsbahn erreicht wurden.

Stoomcentrum Maldegem

Mit Dampf durch Ost-Flandern

Das Stoomcentrum Maldegem befindet sich an der ab 1861 in Betrieb genommenen Nebenstrecke Gent–Eeklo–Maldegem–Brügge. Der Personenverkehr von Eeklo nach Brügge war bereits 1959 eingestellt und durch Autobusse ersetzt worden. Eisenbahnfreunde kauften in den 1980er-Jahren die Bahngebäude, verlegten ein Feldbahngleis und eröffneten einen Museumsbetrieb. Nach Einstellung des Güterverkehrs konnten sie auch auf der Normalspur bis Eeklo fahren. Zwischen Eeklo und Gent verkehren die Regelzüge der SNCB werktags im Stundentakt.

Wir besuchten die Museumbahn im August 2017 mit einer Gruppenreise der Deutschenn Gesellschaft für Eisenbahngeschichte. Die rund 23 Kilometer lange Bahnlinie Gent–Eeklo wurde am 25. Juni 1861 eröffnet und von der »Chemins de fer de Gand à Eeclo« betrieben. Am 16. Novemebr 1862 wurde der Abschnitt zwischen Eeklo und Maldegem von der »Chemins de fer d'Eeclo à Bruges« eröffnet. Hier schloss die Strecke an die Bahnlinie nach Gent an. Diese Linie wurde am 22. Juni 1863 nach Brügge verlängert. Insgesamt betrug die Streckenlänge zwischen Gent und Brügge 51,4 Kilometer. Die Bahnstrecke befand sich aber in Konkurrenz mit der Linie Gent–Brügge über Aalter, die noch heute von der belgischen Staatsbahn betrieben wird. Diese Linie war bereits 1838 zwischen Gent und Brügge eröffnet worden. Man hatte gehofft, dass sich zwischen Eeklo und Maldegem Industrie ansiedeln und die Bahnlinie sich dadurch rentieren würde.

Von der ehemaligen Bahnlinie ist heute nur noch der Abschnitt zwischen Eeklo und Gent in Betrieb. Hier verkehren die Regelzüge der belgischen Staatsbahn SNCB werktags im Stundentakt. Der letzte Personenzug fuhr am 26. Februar 1959 von Maldegem nach Brügge. Die Strecke wurde 1962 abgebaut. Der Abschnitt von Maldegem nach Eeklo wurde noch für den Güterverkehr genutzt. Nach der Einstellung des Güterverkehrs am 26. April 1988 konnte die Strecke für den Museumsbetrieb genutzt werden. Eisenbahnfreunde kauften in den 1980er-Jahren die Bahngebäude, verlegten ein Feldbahngleis und eröffneten auf der ehemaligen Strecke nach Brügge einen kleinen Museumsbetrieb.

Hubbrücke über den Schipdonkkanaal bei Balgerhoeke.

Die 600-Millimeter-Feldbahn mit der von Orenstein & Koppel gebaute Dampflokomotive »Marie« aus dem Jahre 1911.

Nach der Einstellung des Güterverkehrs konnte auch die Normalspurstrecke nach Eeklo für einen Museumsbetrieb genutzt werden. Eeklo wurde 2007 erreicht; allerdings führt die Bahn nicht bis in den Staatsbahnhof, sondern endet an einem eigenen Bahnsteig.

Der Bahnhof von Maldegem wurde renoviert und 1990 wieder eröffnet. Heute präsentiert er sich in einem schmucken, weißen Anstrich. Im Bahnhof erwartete uns schon der Dampfzug. Unsere Dampflok hieß »Fred«. Die Dampflokomotive Fred stammt aus England und wurde 1925 gebaut, sie präsentierte sich in einem schicken Blau. Sie ist von der Bauart eine Satteltank-Lokomotive, das heißt der Wassertank liegt über dem Kessel. Der Verein besitzt elf Dampfloks, davon drei für die Schmalspur, mehrere Dieselloks und Motortriebwagen.

Mit gemächlichen 18 Stundenkilometern fuhren wir in Richtung Eeklo. Mit »Dumm, dumm, tamtam« ratterte der Zug über die Gleise. An den Bahnübergängen kündigte das Klingeln der Warnglocken das Nahen des Zuges an. Wir fuhren vorbei an Maisfeldern. In Balgerhoeke überquert die Bahn auf einer Hubbrücke den Schipdonkkanaal. Hier legten wir einen Fotostopp ein.

Am Endbahnhof in Eeklo bot sich uns ein besonderes Schauspiel: Die Dampflok setzte den Zug zurück, kuppelte ab und fuhr auf Gleis 1. Eine Diesellok kuppelte an, schob den Zug zurück auf Gleis 2 und kuppelte wieder ab. Dann entfernte sie sich. Die Dampflok fuhr zurück und wechselte an der Weiche zurück auf Gleis 2. Und kuppelte wieder an. Rückwärts ging es nun retour nach Maldegem. Auf einer Weide trieb ein Bauer in der Abendsonne die Kühe zurück in den Stall. An einer anderen Stelle galoppierten zwei Pferde in den Stall.

In Maldegem erwartete uns an diesem Tag noch eine zweite Fahrt mit der 600-Millimeter-Feldbahn auf einem ehemaligen Reststück der Strecke nach Brügge. Hier begann auf einem kleinen Teilstück in Richtung Donk der Museumsbetrieb. Wir fuhren mit der Dampflok »Marie«, gebaut bei Orenstein & Koppel im Jahre 1911. Sie war die erste Lokomotive der Museumsbahn.

Im Anschluss hatten wir noch Gelegenheit, das Depot der Museumsbahn zu besuchen und besichtigten die Fahrzeugsammlung. Die älteste Lokomotive ist die Dampflok »Yvonne«, die 1893 in St.-Léonard (Luik) gebaut wurde.

@ www.stoomcentrum.be

Stoomtrein Dendermonde-Puurs

Dampfwolken über Klein-Brabant

Der Bahnhof Baasrode Noord liegt in unmittelbarer Nähe der Schelde. Die Museumsbahn fährt an der Schelde entlang und durch die wunderschöne Landschaft von Klein-Brabant.

Die Stoomtrein Dendermonde-Puurs wurde 1977 gegründet. Die Museumsstrecke zwischen Baasrode Noord und Puurs ist 14 Kilometer lang. Die Streckenabschnitte nach Dendermonde beziehungsweise Puurs sind noch erhalten, aber nicht mehr befahrbar. Vom Museumsbahnhof Puurs muss man etwa 150 Meter zum Staatsbahnhof laufen.

Die Bahnstrecke Dendermonde–Puurs wurde am 22. Juli 1880 eröffnet, sie stellte die Verbindung zwischen dem Bahnhof Dendermonde und dem Bahnhof Antwerpen Süd (Antwerpen-Zuid) her. Ursprünglich war die Linie doppelgleisig, 1961 wurde aber ein Gleis abgebaut. 1980 wurde der Personenverkehr auf der Strecke aufgegeben, zwischen Baasrode Noord und Puurs gab es zuletzt nur noch Güterverkehr. Zwischen Dendermonde und Baasrode Noord gab es noch bis 1983 Güterverkehr.

In Baasrode Noord ist das Haupquartier des Museumsvereins. Der Verein wurde 1977 von den »Belgische Vrienden van de Stoomlocomotief« (Belgische Freunde der Dampflokomotive) gegründet mit dem Ziel, historisches Eisenbahnmaterial zu bewahren. Ab 1986 baute der Verein die Strecke aus. Die Lokomotive Cockerill 2643 eröffnete am 11. Juli 1986 den Museumsbahnbetrieb. Die Cockerill-Lokomotive feierte 2018 ihren 111. Geburtstag. Der Verein Stoomtrein Dendermonde-Puurs besitzt insgesamt neun Dampfloks, von denen drei betriebsbereit sind. Weiterhin stehen im Museum in Baasrode Nord neun Dieselloks, vier Triebwagen und neun Reisezugwagen, letztere aus der ersten Hälfte des letzten Jahrhunderts.

Vier Zwischenhalte gibt es auf der Strecke: Baasrode Noord, Sint Amands, Oppuurs, Puurs. Wie bereits erwähnt, wird der Abschnitt Oppuurs–Puurs derzeit nicht bedient. Die Fahrzeit des Dampfregelzugs beträgt 40 Minuten.

Die Lokomotive Nummer 3 (Baujahr 1922) wartet im Bahnhof Baasrode Nord auf die Abfahrt.

Wir zuckelten mit 20 Stundenkilometern durch die Landschaft. Der Zug ist bewirtschaftet, sodass keiner Durst leiden muss. Für Fahrräder gibt es einen Gepäckwagen. In Baasrode Noord gibt es noch originale Flügelsignale; und an den Bahnübergängen werden die Schranken per Hand gekurbelt.

Längs der Strecke gibt es viele Sehenswürdigkeiten und pittoreske Dörfer. Besuchen Sie etwa das »Molenmuseum« (Mühlenmuseum) in Sint Amands. Wussten Sie übrigens, dass die Wissenschaft, die alles studiert, worum es in der Mühle geht, »Molinologie« heißt? Deshalb heißt das Museum auch »Centrum voor Molinologie« (Zentrum für Molinologie).

In Sint Amands steht kein Bahnhofsgebäude mehr, dafür gibt es aber ein Ausweichgleis. In Oppuurs steht noch ein Bahnhofsgebäude, das aber als Wohnhaus dient. Das Bahnhofsgebäude wurde 1911 erbaut. Der Bahnhof wurde im Mai 1980, nicht einmal hundert Jahre nach seiner Eröffnung, wieder geschlossen. Im Gegensatz zu vielen anderen Stationen ist das Bahnhofsgebäude erhalten geblieben. Weil es in Oppuurs kein Ausweichgleis gibt, kuppelte eine Diesellok an und zog den Zug zurück bis Sint Amands. Dort konnte die Dampflok am Ausweichgleis passieren und setzte sich vor den Zug. In Baasrode Noord hatten wir noch Gelegenheit, den Lokschuppen mit der Fahrzeugsammlung zu besichtigen.

Mittlerweile gibt es sogar Pläne, die Bahnlinie Dendermonde–Puurs zu reaktivieren. In Dendermonde glaubt man das Potenzial dieser Strecke.

@ www.stoomtrein.be

@ www.molenmuseum.be

Train World

Das belgische Eisenbahnmuseum

»Train World« ist das offizielle Museum der belgischen Eisenbahn. Es wurde am 25. September 2015 eröffnet und befindet sich in den historischen Gebäuden des Bahnhofs Schaarbeek in der Hauptstadt Brüssel.

Im Jahr 1835 fuhr nicht nur die erste deutsche Eisenbahn am 7. Dezember von Nürnberg nach Fürth. Bereits am 5. Mai 1835 verkehrte zwischen Brüssel und Mechelen die erste öffentliche Eisenbahn auf dem europäischen Kontinent. Belgien war damit das erste Land, das auf das neue Verkehrsmittel setzte. Brüssel war somit übrigens auch die erste europäische Hauptstadt mit einer 22 Kilometer langen Zugverbindung. Im Jahr 1926 gründete der Staat die Nationale Gesellschaft der Belgischen Eisenbahnen NMBS/SNCB (niederländisch »Nationale Maatschappij der Belgische Spoorwegen«, französisch »Société Nationale des Chemins de fer Belges«). Die Eisenbahngesellschaft erhielt einen Bewirtschaftungsvertrag über 75 Jahre. Die Verstaatlichung der Belgischen Eisenbahn war 1958 abgeschlossen. Damit war das gesamte Schienennetz in staatlichem Besitz.

Der Bahnhof Schaerbeek/Schaarbeek (flämisch/französisch) liegt zentral im belgischen Eisenbahnnetz: im Herzen Europas, auf der Strecke der ersten Eisenbahnlinie Belgiens zwischen Brüssel und Mechelen. Er ist eine der Perlen der belgischen Eisenbahnarchitektur. Der alte Bahnhof ist mit einer neuen Industriehalle über den Eisenbahngarten verbunden. »Train World« will den Besuchern nicht nur einen Einblick in die Vergangenheit Belgiens als Eisenbahnpionier auf dem europäischen Festland vermitteln, sondern auch die heutige und die zukünftige Rolle der Eisenbahn beleuchten. Die Train World ist einen Besuch absolut wert. Man muss nicht unbedingt ein Eisenbahnfan sein, um hierher zu kommen, denn Gebäude, die ausgestellten Objekte und das Museumskonzept, das die ganze Sammlung zusammenhält, sind sehr beeindruckend. Nicht zuletzt sorgen eine nicht allzu laute Geräuschkulisse und feine Lichtspielereien für eine besondere Note. Wer hierher kommt, kann einiges erleben und so manches entdecken. Und über die Schönheit alten Eisens kann man ohnehin nicht streiten. Schon gar nicht, wenn sie so überlegt präsentiert wird.

Belgische Dampflokomotiven in der Train World.

Die Stromlinienlokomotive 12.004 der SNCB.

So werden hier insgesamt 22 Schienenfahrzeuge ausgestellt, darunter einige der wichtigsten Dampfloks der belgischen Eisenbahn, wie etwa die Stromliniendampflokomotive der Baureihe 12, die 1939 den Geschwindigkeitsrekord auf der Schiene gebrochen hat, oder die kleinere 18, die einst den Königszug durch das Land zog. Dabei spielen Geräusche, Musik, Gerüche und wechselnde Beleuchtung eine wesentliche Rolle. Es gibt insgesamt 1.200 Ausstellungsobjekte, einschließlich einer originalen Eisenbahnbrücke aus dem 19. Jahrhundert. Doch das Museum zeigt auch einige Lokomotiven aus der Frühzeit der belgischen Eisenbahn, zum Beispiel die »Pays de Waes« (deutsch: »Land von Waes«) von 1844, die wohl älteste original erhaltene Dampflok auf dem europäischen Festland. Die Train World ist mit zahlreichen aufwändigen Installationen und Projektionen aber auch ein modernes und interaktives Haus, das vor allem viele Kinder und Jugendliche begeistern möchte.

Eine Entdeckungsreise in die Welt der Eisenbahn

Unzählige kleinere oder größere Überbleibsel aus der Bahnwelt – Bahnhofsschilder, eine umfangreiche Sammlung an Bahnhofsuhren, Fotos, Uniformen, Modelle von Zügen und Bahnhöfen, historische Gepäckstücke, Werkzeuge oder andere Utensilien – bereichern die Ausstellung. Alles in allem werden damit Geschichten erzählt, was auf den inhaltlichen Einfluss des Comiczeichners François Schuiten, eines Schaarbeekers, zurückzuführen ist. So ist Train World eine Geschichte, eine faszinierende Folge von Dekoren, die Besucher in das Gestern, Heute und Morgen der Eisenbahn einführt. Man unternimmt eine richtige Entdeckungsreise in die Welt der Eisenbahn. Die Train World bietet aber neben unglaublich viel Geschichte auch einen Ausblick auf die Zukunft der Bahn und zeigt die plastischen 1:1 großen Entwürfe von modernen Zügen, wie dem neuesten Eurostar.

Daneben können Sie die Pracht der königlichen Fahrzeuge im Original bewundern oder durch das Innere eines INOX-TEE-Zuges – des Vorläufers der Hochgeschwindigkeitszüge, der ganz Europa durchquerte – schlendern. Möchten Sie einmal selbst in die Rolle eines Lokführers schlüpfen? Dann üben Sie schon mal an einem der Zugsimulatoren. Oder erleben Sie aus einem Führerhaus die sich verändernde Umgebung der Eisenbahnen von früher und heute.

Schulen und Familien mit Kindern können ein spezielles Angebot nutzen, bei dem das Augenmerk sowohl auf den pädagogischen als auch auf den spielerischen Aspekt gelegt wird. Die Kinder können sich außerdem auf dem »Kletterzug« austoben, einer zur Hälfte in die Erde eingelassenen Dampflokomotive.

@ www.trainworld.be

Das Viadukt von Moresnet

Ein wichtiger Brückenschlag im belgisch-deutschen Grenzverkehr

Einst war es eines der größten Bauwerke seiner Art in Europa: das Viadukt von Moresnet. 1.153 Meter ist die Brücke lang, heute fahren täglich rund 80 Güterzüge darüber. Der weitere Schienenweg von Aachen über Montzen und Tongeren nach Antwerpen wird auch als Montzenroute bezeichnet. Eingeweiht wurde das Viadukt im Jahr 1916 während der deutschen Besetzung Belgiens im Ersten Weltkrieg – nach nur anderthalbjähriger Bauzeit. Heute ist die Brücke ein wichtiges Verbindungsstück zwischen Belgien und Deutschland, zwischen dem Hafen von Antwerpen und dem Ruhrgebiet. Diese Bedeutung weiß man zu schätzen.

Gebaut mitten im Ersten Weltkrieg auf Anordung des deutschen Militärs von bis zu 14.000 Zwangsarbeitern aus Belgien, Deutschland, Italien, Ungarn, Kroatien und Russland – neun Russen kamen ums Leben – wurde das Bauwerk lange Zeit skeptisch beäugt. Die Silhouette des Bauwerks warf lange Zeit den Schatten des unheilvollen Krieges über den Ort Moresnet. Aber zum hundertjährigen Jubiläum blickten die Anwohner von Plombières (bis 1919 offiziell Bleyberg) und Moresnet (seit 1975 ein Ortsteil von Plombières) mit Stolz auf das Viadukt und feierten es vom 17. bis 18. September 2016 mit einem Musik- und Lichtspektakel sowie zum Abschluss mit einem Feuerwerk. Denn die Brücke ist abgesehen von ihrer Entstehungsgeschichte unbestritten ein technisches Meisterstück. Der belgische Schienennetzbetreiber Infrabel sperrte das Viadukt sogar einen Sonntag lang für den Zugverkehr, so dass Besucher die Aussicht geniessen konnten. Insgesamt 1.000 Eisenbahnfans aus Belgien, den Niederlanden und Deutschland, mehr als doppelt so viele wie erwartet, nutzten die Gelegenheit zum Sightseeing. Am Samstagabend kamen trotz des zeitweiligen Regens nach Veranstalterangaben etwa 3.000 Menschen zu einer Theateraufführung mit einer Ton- und Lichtshow vor der Kulisse des Viadukts.

E-Lok 2816 (E 186 208, Bombardier TRAXX) der belgischen Staatsbahn auf dem Viadukt am 14. September 2016.

Zwei belgische Dieselloks der Serie 55 mit einem Containerzug auf dem Viadukt am 1. Mai 2007, vom Ort Moresnet aus gesehen.

Pläne für den Bau einer Bahnlinie bestanden bereits 1903

Obwohl die Brücke vor allem aus militärischen Gründen erbaut wurde, gingen die Planungen schon auf frühere Pläne zurück. Im Jahr 1872 nahm die Bergisch-Märkische Eisenbahn-Gesellschaft eine Bahnstrecke von Aachen-West über Bleyberg (heute: Plombières) nach Welkenraedt in Betrieb. Teile dieser Strecke waren unter anderem der heute von der Montzenroute genutzte 869 Meter lange Gemmenicher Tunnel sowie die von Aachen zum Tunnel führende Rampe mit 17 Promille (1,7 Prozent) Neigung.

Aufgrund der topografisch schwierigen Verhältnisse der 1843 fertiggestellten Wesertalstrecke (französischer Name des Flusses: Vesdre, ein Nebenfluss der Ourthe) zwischen Aachen und Lüttich vereinbarten im Jahr 1903 die belgische und die preußische Regierung eine Verbesserung der Eisenbahnverbindungen zwischen Belgien und Preußen. Belgien plante dazu eine neue Strecke von Löwen über Tongeren nach Aachen. Diese war kürzer als die bestehende und vor allem steigungsärmer. Weil sich in Lüttich und Verviers aber starker Widerstand gegen diese Trasse regte, denn die Städte fürchteten einen Bedeutungsverlust ihrer Eisenbahnanbindung, nahm die belgische Regierung von der Ausführung Abstand. Da kein einziges belgisches Projekt vor dem Ersten Weltkrieg vollendet wurde, waren es die deutschen Besatzer, die die Bauarbeiten der Linie Tongeren–Aachen unter der Leitung von General Wilhelm Groener, dem Chef des Feldeisenbahnwesens, in Angriff nahmen.

Während des Krieges stellte sich heraus, daß die Kapazität der Strecke Aachen–Herbesthal für den Nachschub an die Westfront nicht ausreichend war. 1915 wurde deshalb der Bau einer Entlastungslinie von Aachen nach Tongeren begonnen. Im Verlauf dieser »Kriegsbahn« wurde das Göhltalviadukt in den Jahren 1915/16 erbaut. Der Bau wurde umso drängender, da sich während des Ersten Weltkriegs die Niederlande neutral verhielten und den internationalen Bahnverkehr über den sogenannten Eisernen Rhein zwischen Deutschland und Belgien einstellten. Deutschland, das Belgien besetzt hatte, baute daraufhin als Nachschublinie für die Westfront eine alternative Verbindung von der Westseite des Gemmenicher Tunnels nach Glons in Limburg durch den Norden der Provinz Lüttich und die flämische Exklave Voeren. Die Streckenführung beruhte auf den alten belgischen Planungen für die Neubaustrecke zwischen Aachen und Brüssel. Da von einer späteren Nutzung der Hauptstrecke durch Schnellzüge ausgegangen wurde, erfolgte eine Trassierung mit Kurvenradien von mindestens 1.000 Metern und maximalen Steigungen von 10 Promille. Baubeginn war im Frühjahr 1915. Die 15 Baulose umfassten unter anderem das 1.153 Meter lange Viadukt von Moresnet (deutsch: Göhltalviadukt, nach dem Flüsschen Göhl – flämisch Geul), den 2.130 Meter langen Voertunnel, den 1.630 Meter langen Geertunnel sowie einen 1.300 Meter langen und bis zu 27 Meter tiefen Einschnitt bei Visé. Für die Erdarbeiten existierte ein bis zu 20 Kilometer langes Feldbahnnetz. Bis zu 190 Feldbahnzüge verkehrten im 24-Stunden-Betrieb, wobei bis zu 14.000 Arbeiter an der Strecke tätig waren. Im Oktober 1916 war die Brücke fertiggestellt.

Am 28. Februar 1917 wurde die 44 Kilometer lange Neubaustrecke zwischen dem Westportal des Gemmenicher Tunnels und Tongeren eingleisig in Betrieb genommen. Ab dem 6. Januar 1918 war auch der durchgehende zweigleisige Zugverkehr möglich. 55 bis 60 Zugpaare verkehrten täglich auf der Montzenroute.

Der Gemmenicher Tunnel wurde 1872 durch die Bergisch-Märkische Eisenbahn-Gesellschaft als Teil der Bahnstrecke Aachen–Bleyberg–Welkenraedt gebaut. Das Bauwerk ist nach dem Dorf Gemmenich, heute Ortsteil von Plombières, benannt. In Belgien ist der Tunnel auch als »Botzelaer-Tunnel« (Tunnel de Botselaer) bekannt. Der Tunnel liegt auf einer Länge von 250 Metern auf belgischem Staatsgebiet. Die im Tunnel verlaufende Staatsgrenze hat sich durch die deutschen Gebietsabtretungen nach dem Ersten Weltkrieg nur geringfügig verschoben. Der Tunnel durchquert bei einer maximalen Überdeckung von 66 Metern den 322 Meter hohen Vaalserberg im Dreiländereck Deutschland-Belgien-Niederlande. Der Tunnel wird aus betriebstechnischen Gründen seit seinem Bau von der deutschen Seite verwaltet, zunächst durch die Bergisch-Märkische Eisenbahn-Gesellschaft, dann durch die Deutsche Reichsbahn, die Deutsche Bundesbahn und seit 1994 durch die Deutsche Bahn AG beziehungsweise deren Tochter DB Netz AG.

Zwischen den Jahren 1989 und 1991 wurde der Tunnel für eine spätere Elektrifizierung aufgeweitet und saniert. Dazu wurde das bis zu 77 Zentimeter dicke Mauerwerksgewölbe teilweise abgeschrämmt und durch eine bewehrte, 17 Zentimeter dicke Spritzbetonschale ersetzt. Das bis zu 60 Zentimeter dicke Sohlgewölbe wurde ebenfalls teilweise abgebrochen und durch eine Stahlbetonplatte ersetzt. Auf der Platte ist eine feste Fahrbahn mit verzinkten Y-Schwellen montiert. Außerdem wurde ein drittes Gleis in Form einer Gleisverschlingung zur Tunnelmitte verlegt, sodass auch Züge mit Lademaß-überschreitung (LÜ) die Strecke benutzen können. Das dritte Gleis kann in beide Richtungen befahren werden. Der Tunnel wurde 2008 mit Stromschienen an der Tunneldecke elektrifiziert. Die Stromschiene über dem in Fahrtrichtung Aachen-West–Montzen rechten Gleis wurde so zur Tunnelachse hin versetzt angebracht, dass sie auch von den Stromabnehmern der Lokomotiven auf dem LÜ-Gleis erreicht wird. Zugfahrten mit Lademaßüberschreitung, die die Gleisverschlingung befahren, können so ebenfalls mit elektrischen Lokomotiven bespannt werden.

Wichtige Route für den deutsch-belgischen Handel

Das Viadukt war am Ende des Ersten Weltkrieges weitgehend unbeschädigt und konnte nach einigen Instandsetzungsarbeiten gleich wieder benutzt werden. Nach dem Ersten Weltkrieg erwies sich der Brückenschlag als Glücksfall für die belgische Staatsbahn: Der Gütertransport von Antwerpen nach Deutschland wurde fast ausschließlich über die inzwischen zweigleisig ausgebaute Montzenroute abgewickelt, selbst nach der Wiedereröffnung des Eisernen Rheins am Ende des Krieges. Belgien gab der Montzenroute den Vorzug, da nur eine Grenze überquert werden musste und dadurch keine Gebühren für die Nutzung niederländischer Gleise anfielen. Ein Nachteil gegenüber dem Eisernen Rhein ist, dass die Montzenroute 50 Kilometer länger ist. Außerdem weist der Eiserne Rhein kaum Steigungen auf, während auf der Rampe in Aachen Züge zwischen Aachen West und dem Gemmenicher Tunnel oft eine Schiebelokomotive benötigen. Allerdings fuhr 1991 der letzte Zug auf dem Eisernen Rhein. Heute gibt es lediglich Personenverkehr auf dem Abschnitt zwischen Mönchengladbach-Rheydt und Dalheim. Die weitere Strecke zwischen Dalheim und Roermond durch den Nationalpark »De Meinweg« ist stillgelegt. Hier liegen zwar noch Gleise, die aber vor sich hin rosten und mit Ästen sowie Unkraut blockiert sind.

Am 10. Mai 1940 sprengte das an der Grenze stationierte belgische Radfahrerbataillon »Cyclistes Frontière« vor der Nase der Deutschen, die gerade ins Dorf einmarschiert waren, einen Teil des Viadukts. Nach kurzer Zeit waren die Schäden ausgebessert, denn die Brücke war für militärische Transporte unerlässlich. Am 16. Dezember 1940 war das Viadukt wieder befahrbar und wurde für militärische Zwecke genutzt. Nachdem das Viadukt von den deutschen Truppen auf ihrem Rückzug am 10. September 1944 zerstört worden war, dauerte die Reparatur unter anderem wegen akuten Stahlmangels fünf Jahre. Unter dem Viadukt führte bis 1957 die Strecke Welkenraedt–Plombières–Gemmenich hindurch.

In den 1990er-Jahren war das Viadukt in einem derartig schlechten Zustand, dass Züge mit höchstens 20 Stundenkilometern über die Brücke fahren durften. So beschloss die belgische Staatsbahn, nicht etwa ein neues Viadukt zu bauen, sondern die Pfeiler, Auflagen und Gleise den neuen Anforderungen anzupassen. Zwischen 2002 und 2004 wurde die Brücke daher vollständig saniert. Die alten genieteten stählernen Fachwerküberbauten wurden gegen neue Überbauten in Schweißkonstruktion ausgetauscht. Zugleich wurden die Brückenpfeiler mit einer Stahlbetonschale ummantelt. Um den Verkehr auf der wichtigen Güterstrecke möglichst wenig zu beeinträchtigen, wurden die einzelnen Fachwerkträger in

Montzen vormontiert, dann auf die Brücke gefahren und einer vorbereiten Kran- und Haltekonstruktion übergeben. Der darunter liegende Abschnitt wurde herausgetrennt, abgesenkt und schließlich durch den neuen Träger ersetzt. Auf diese Weise musste die Strecke jeweils nur für ein Wochenende (Samstag bis Montag) gesperrt werden. Die neuen, rund zwei Meter niedrigeren Fachwerkträger sind Verbundkonstruktionen mit oben liegenden Stahlbetonfahrbahnplatten, die im Gegensatz zur Konstruktion der Erbauungszeit ein geräuschminderndes Schotterbett ermöglichen.

Das Viadukt weist 21 Pfeiler auf und hat eine Länge von 1.153 Metern zwischen den Enden der Widerlager. Es war bis zum Bau des Viadukts bei Ath im Verlauf der Hochgeschwindigkeitsstrecke Brüssel–Paris die längste Eisenbahnbrücke im belgischen Eisenbahnnetz. Das Bauwerk besitzt eine maximale Höhe von 52 Metern über dem Talgrund. Die Pfeilerachsabstände betragen zwischen 48 und 49 Metern. Fünf breitere Pfeiler dienen zur Lastabtragung der Kräfte in Gleislängsrichtung infolge Bremsen und Beschleunigen der Züge. Diese dürfen auf dem sanierten Viadukt mit maximal 60 Stundenkilometern fahren. Seit der durchgehenden Elektrifizierung der Montzenroute im Jahr 2008 befindet sich auf dem Viadukt die Systemtrennstelle zwischen dem belgischen (3.000 Volt Gleichstrom) und dem deutschen Bahnstromsystem (15.000 Volt 16,7 Hertz Wechselstrom).

Fast der gesamte Warentransport nach Deutschland erfolgt seitdem über dieses Viadukt, täglich rollen 80 bis 90 Güterzüge über die Brücke. Und das wird auch bis auf Weiteres so bleiben, obwohl es Pläne zur Reaktivierung des Eisernen Rheins gibt. Doch bis der Eiserne Rhein wieder durchgängig befahrbar ist, wird im wahrsten Sinne des Wortes noch viel Wasser den Rhein hinabfließen.

Das Straßenbahnmuseum Thuin

Museumsbetrieb mit Schmalspurfahrzeugen

Die Sammlung besteht vor allem aus Schmalspur-Fahrzeugen. Die meisten Fahrzeuge fuhren einst im Straßenbahnnetz von und um Charleroi. Vom Museum aus werden Fahrten auf der elektrifizierten Museumsbahnlinie zwischen Thuin (Ville Basse) und Lobbes sowie auf der nichtelektrifizierten Linie von Musée ASVi nach Biesme-sous-Thuin durchgeführt.

Das Straßenbahnmuseum Thuin wird von der »Association pour la Sauvegarde du Vicinal« (ASVi, deutsch: »Verein zur Bewahrung der Überlandbahnen«) betrieben. Der 1972 gegründete Verein möchte die Geschichte der »Société Nationale des Chemins de fer Vicinaux« (SNCV) der Nachwelt erhalten. Der Verein begann zunächst mit einer Sammlung von Fahrzeugen, mit denen ab 1978 vom Betriebshof Anderlues erste Museumsfahrten durchgeführt wurden. Nach einigen Sonderfahrten auf dem damals noch recht ausgedehnten Netz um Charleroi suchte der Verein nach einer als Museumsstrecke zu erhaltenden Linie. Diese fand er schließlich in einem Teil der damaligen Linie 92. Anfang der 1980er-Jahre führte der Verein erst an einigen Sommerwochenenden, später dann über den ganzen Sommer und ab 2014 von Anfang April bis Ende Oktober an Sonntagen sowie im Juli und August auch an Samstagen Fahrten mit den Museumsfahrzeugen durch. Das Gelände des ehemaligen Bahnhofes Thuin Ouest (Thuin-West) wurde Ende der 1980er-Jahre durch den Verein erworben, um die Fahrzeuge dauerhaft abzustellen. Dieses Gelände lag nah an der Museumsstrecke und konnte mit geringem Aufwand an die bestehenden Gleise angebunden werden.

Die Linie 92 gehörte zum weitläufigen Meterspurnetz, das die SNCV in der Provinz Hainaut (Hennegau) unterhielt und das auf die beiden Kohle- und Stahlstandorte Charleroi und La Louvière ausgerichtet war. Am Betriebshof von Anderlues zweigte die 92 von einer der Hauptlinien (zuletzt Linie 90) nach Süden ab und stieg dann ins Tal der Sambre hinab. Sie erreichte in Höhe des Bahnhofes Lobbes die Staatsbahnlinie Charleroi–Erquelinnes, mit der sie gemeinsam die Sambre überquerte.

Der Triebwagen 10308 »Standard Métallique«, Baujahr 1942, gebaut von Baume & Marpent.

Die Dampflok Typ 3 war in der Anfangszeit die typische Zuglok für die Dampfstraßenbahnen.

Dahinter wandte sich die Strecke erneut gegen Westen, um schließlich nach Überquerung des Flüsschens Biesmelle in Thuin-Ville Basse (Thuin-Unterstadt) den Endpunkt direkt neben der Sambre zu erreichen. Eröffnet wurde die Strecke von Anderlues bis Lobbes am 11. April 1914, die Verlängerung bis Thuin 1930. Der reguläre Personenverkehr endete am 31. Dezember 1983.

Zu diesem Zeitpunkt hatte die Verwaltung der SNCV bereits zugestimmt, der ASVi die Strecke zu überlassen, wenn diese für die laufende Instandhaltung sorgt. 1984 begann dann der reguläre Museumsbetrieb zwischen Lobbes und Thuin-Ville Basse, mit einzelnen Fahrten auch bis Anderlues (mindestens zu Betriebsbeginn und -schluss). Allerdings äußerte die SNCV recht bald die Absicht, die Strecke zwischen Lobbes und Anderlues aufzugeben. Die Trasse fiel Ende der 1990er-Jahre der Verbreiterung der Nationalstraße N59 zwischen Lobbes-Les Bonniers und Anderlues zum Opfer. Deshalb musste der Verein erneut nach einer Unterbringung für die Fahrzeuge suchen, die bis dahin im Depot Anderlues standen.

Die elektrisch betriebene Strecke reicht seit 2014 von Lobbes-Entreville bis Thuin-Ville Basse, da 2010/11 Metalldiebe auf der eigenen Trasse und zwischen Lobbes-Entreville und Lobbes-Four bras die Fahrleitung gestohlen hatten. Der ASVi konnte den Fahrdraht zunächst nur von Lobbes-Centre bis Lobbes-Entreville ersetzen. Die Strecke selbst existiert noch von Lobbes-Four bras bis zur Nationalstraße 59 in Lobbes-Les Bonniers, erfordert aber einen höheren Instandsetzungsaufwand und ist nur mittelfristig für die Betriebsaufnahme vorgesehen.

Von der zweigleisigen Staatsbahn zweigte einst in Lobbes die eingleisige Nebenbahn nach Chimay ab, die zuletzt nur im Güterverkehr bedient und 1991 endgültig stillgelegt wurde. Der ASVi konnte von dieser Strecke einen 3,1 Kilometer langen Abschnitt erwerben (einschließlich des Bahnhofes Thuin Ouest), womit auch das Gelände für das zukünftige Depot bereitstand. Die Strecke selbst wurde durch den ASVi ab Ende der 1990er-Jahre auf Meterspur umgespurt; und im August 2010 ging die (nichtelektrifizierte) Museumsstrecke bis Biesme-sous-Thuin in Betrieb.

Das neue Museum

Zuerst entstand ab 1996 im hinteren Teil eine Wagenabstellhalle mit Werkstatt. Die Halle wurde 1999 eröffnet, nachdem die historischen Fahrzeuge von Anderlues nach Thuin Ouest überführt worden waren. Sie sollte auch als Ausstellungshalle mitgenutzt werden. Im Jahr 2000 folgte die Schaffung einer eigenen Fahrstromversorgung mit 600 Volt Gleichstrom, unter Verwendung von Ausrüstungen der stillgelegten Linie 90 und neuer Teile der AEG.

Allerdings ergab sich durch großzügige öffentliche Förderung in Höhe von 1,1 Millionen Euro (wozu der ASVi weitere 110.000 Euro als Eigenmittel aufbringen musste) eine neue Möglichkeit: Ab dem Jahr 2000 wurde das »Centre de Découverte du Chemin de fer Vicinaux« (deutsch: etwa »Straßenbahn-Entdeckungszentrum«) gebaut, das 2004 eröffnet wurde.

Die viergleisige Wagenhalle mit Bahnsteigen zwischen den Gleisen ist sowohl an die Werkstatt als auch an die Strecke in Richtung Lobbes angebunden. Hier können die betriebsfähigen Wagen abgestellt werden, wenn kein Fahrbetrieb herrscht, sowie die umfangreiche Sammlung des ASVi wie Haltestellen-Tafeln, historische Wartebänke sowie Gepäckkarren präsentiert werden. In der zweiten Etage überspannt ein »Straßenbahn-Café« alle Gleise. Die Gleise im Vorfeld werden auch für Präsentationen und Fahrzeugschauen genutzt. In Thuin sind etwa 40 Fahrzeuge beheimatet, nicht alle davon sind aufgearbeitet oder in betriebsfähigem Zustand. Zu den Museumsfahrzeugen gehören eine Dampflok von 1888, 15 Motorwagen der Jahre 1898 bis 1957, fünf Beiwagen, zwei Dieseltriebwagen (Autorail) sowie zahlreiche Personen- und Güterwagen aus der dampfbetriebenen Zeit der SNCV.

@ www.asvi.be

Die Bocqtalbahn

Die schönste Museumsbahn Belgiens

Belgien ist für viele Eisenbahnfreunde ein weißer Fleck auf der Landkarte. Wir besuchten auf einer Exkursion mit der Deutschen Gesellschaft für Eisenbahngeschichte (DGEG) im September 2016 die Bocqtalbahn, die Straßenbahn an der Aisne, die Dreitälerbahn und die Eisenbahn von Sprimont.

Wir legten diese Studienreise im Bus zurück, denn die Museumsbahnen in der Wallonie liegen weit auseinander und sind zum Teil per Bahn gar nicht zu erreichen. Für eingefleischte Eisenbahnfans, die gerne im Sonderzug anreisen, sind lange Busfahrten allerdings ein Gräuel. Aber die lange Anreise per Bus lohnte sich.

Die Bocqtalbahn führt durch eine wildromantische Naturlandschaft in den Ardennen. Für viele Eisenbahnfans ist sie daher die schönste Museumsbahn Belgiens. Wir befuhren die offiziell als »Linie 128« bezeichnete eingleisige Nebenstrecke mit einem Diesel-Triebwagen der Baureihe 46 der belgischen Staatsbahn SNCB (Société Nationale des Chemins de fer Belges). Diese Fahrzeuge waren noch bis in die 1980er-Jahre, modernisiert mit einem General-Motors-Motor, auch zwischen dem belgischen Welkenraedt und Aachen im Einsatz. Unsere Fahrt startete im Bahnhof von Spontin. Das alte Bahnhofsgebäude befindet sich in einem hervorragenden Zustand. Zunächst fuhren wir in Richtung Braibant. Kurz hinter dem Bahnhof Spontin sahen wir im Tal die Wassergewinnungsanlagen der »Compagnie Intercommunale de la Bruxelloise des Eaux«, die Brüssel mit Trinkwasser aus den Ardennen versorgt. Dann ging es stetig bergauf, der Bahnhof Sovet liegt in einem tiefen Einschnitt.

Bei Gemennes erreichten wir auf dem Plateau von Condroz den Scheitelpunkt der Strecke. Die Ortschaft besteht nur aus fünf Häusern und besitzt keinen eigenen Bahnhof. Lediglich ein Bahnübergang markiert hier den Scheitelpunkt. Die Strecke weist eine Steigung von 16 Promille (1,6 Meter auf einen Kilometer) auf. Die Gegend ist landwirtschaftlich geprägt: Wir fuhren an Maisfeldern, abgeernteten Feldern und Viehweiden vorbei. Nach einer Rechtskurve erreichten wir die Hauptstrecke 162 von Namur nach Luxemburg. Hier endete unsere Fahrt abrupt an einem Sperrschild.

Da die belgische Netzgesellschaft Infrabel Arbeiten an der Hauptstrecke durchgeführt hatte, musste die Nebenstrecke verschwenkt werden. Somit war das Teilstück nach Braibant und Ciney noch nicht befahrbar. So wechselte der Triebwagenführer auf den anderen Steuerstand und wir fuhren zurück nach Spontin. Direkt hinter dem Bahnhof Spontin ging es in den »Tunnel de Spontin«. Er ist mit 501 Metern der zweitlängste Tunnel auf der Strecke und wird vom Verein zum Unterstellen der Fahrzeuge genutzt. Dazu sind die Tunnelausgänge mit Toren gesichert. Im Bocqtal beginnt der landschaftlich schönste Abschnitt der Strecke. Drei weitere Tunnel werden noch durchfahren: Der »Tunnel de Durnal« (314 Meter), der »Tunnel de Léche« (74 Meter) und der »Tunnel de Purnode« (222 Meter). Fünfmal wird dabei zwischen Dorinne-Durnal und Purnode die Bocq, die bei Yvoir in die Maas mündet, auf Steinviadukten überquert.

Derzeit können rund 16 Kilometer der insgesamt 20 Kilometer langen Strecke befahren werden. Dabei wird die Bocq fünfzehnmal auf Steinviadukten überquert. Der Abschnitt zwischen Purnode und dem vorläufigen Endpunkt Evrehailles-Bauche wurde gerade erst erneuert. Bei einem Fotohalt entdeckten wir einen Frosch im Schotterbett – das ist Natur pur! Der Fluss hat sich hier tief in das Kalkgestein gegraben.

Die letzten fünf Kilometer bis Yvoir sind besonders marode, außerdem befindet sich hier der 1.050 Meter lange »Tunnel d'Yvoir«, der sanierungsbedürftig ist. Der Ort Yvoir wird auf zwei steinernen Viadukten überquert, von denen der erste sechs und der zweite neun Bögen hat. Der Tunnel d'Yvoir hatte im Zweiten Weltkrieg strategische Bedeutung: 1940 wurde dort der Zug von Generalfeldmarschall Hermann Göring untergestellt, der von hier aus den Luftkampf im Krieg des Deutschen Reiches gegen Frankreich leitete. Görings Zug kam am 7. Juni 1940 um 18 Uhr an und blieb bis zum 3. Juli in Yvoir.

Auch Adolf Hitler hielt sich in Yvoir auf. Am 23. Oktober 1940 traf sich Hitler mit General Francisco Franco im französischen Hendaye, um Spanien zum Kriegseintritt zu bewegen. Der Führersonderzug erreichte auf der Fahrt von München nach Hendaye am 21. Oktober 1940 um 21:25 Uhr den Bahnhof von Yvoir und blieb dort über Nacht stehen. Die Deutsche Reichsbahn hatte die Route so geplant, dass der Zug in der Nacht zum Schutz gegen Luftangriffe im nahegelegenen Tunnel abgestellt werden konnte. Aufgrund eines technischen Problems wurde der Zug jedoch nicht wie geplant über Nacht im Tunnel abgestellt, sondern blieb im Bahnhof von Yvoir stehen. Am 22. Oktober verließ der Führersonderzug um 4 Uhr früh Yvoir in Richtung Dinant.

Die Bocqtalbahn fährt im Tal der Bocq durch mehrere Tunnel. Hier verlässt der Triebwagen 4602 gerade den Tunnel de Purnode und überquert anschließend die Bocq auf einem Viadukt.

Fotohalt im Bahnhof Dorinne-Durnal. Das Gebäude wurde vorbildlich restauriert und gehört einem Vereinsmitglied.

Am 25. Oktober kehrte der Führersonderzug auf der Rückfahrt nach München um 21 Uhr nach Yvoir zurück. Hier wollte sich Hitler eigentlich am 26. Oktober mit Léon Degrelle, dem späteren Kommandanten der belgischen SS-Division Wallonie, und am 27. Oktober mit dem belgischen König Leopold III. treffen. Der Zeitplan wurde aber kurzfristig geändert, weil ein Brief Benito Mussolinis eintraf, in dem der »Duce« einen Angriff Italiens auf Griechenland ankündigte. Der Führersonderzug verließ daher Yvoir schon am 26. Oktober um 4 Uhr früh, um direkt über München und über den Brennerpass nach Florenz zu fahren. Dort traf sich Hitler am 28. Oktober mit Mussolini. Die italienischen Streitkräfte begannen mit dem Angriff auf Griechenland um 6:30 Uhr am 28. Oktober. Die deutschen Gäste wurden von dieser Aktion völlig überrascht, was in Mussolinis Absicht lag.

Seitdem war der Tunnel von Yvoir als strategischer Ort bekannt; die Bahnstrecke wurde getarnt und der Berg mit Stacheldraht gesichert. Es war ohne Zweifel vorgesehen, dort einen gesicherten Unterstand für einen Führungsstab zu errichten.

Die Geschichte der Strecke

Die Bocqtalbahn verdankt ihren Bau wirtschaftlichen Überlegungen. Erste Pläne für eine Eisenbahn durch das Bocqtal gab es seit 1845. Am 15. Mai 1858 wurde die Linie von Namur nach Ciney eröffnet. Diese Strecke wurde über Arlon nach Luxemburg verlängert. Auf der anderen Seite wurde Yvoir am 12. November 1862 an die Strecke Namur–Dinant durch die »Societé des Chemins de f er de Liège á Namur« (1854 übernommen durch die »Compagnie du Nord-Belge«) angeschlossen. 1873 plante der belgische Staat eine internationale Verbindung zwischen Liège (Lüttich) und Frankreich durch das Condroz: Die Bahnstrecke Huy–Ciney–Yvoir–Dinant. Allerdings erwies sich das Tal der Bocq aufgrund der Topografie als schwieriges Hindernis.

1890 erhielt die erst 1885 gegründete Societé Nationale des »Chemins de fer de Vicinaux« (SNCV) die Konzession zum Bau einer meterspurigen Verbindung zwischen Ciney und Yvoir. Anstatt einer internationalen Verbindung plante man nun eine Nebenstrecke. Dieser Kurswechsel in der Politik hatte zweifellos militärische Gründe. Nach dem deutsch-französischen Krieg 1870/71 erregte eine Bahn in Meterspur weniger Missfallen des Nachbarn Deutschland als eine Vollbahn in Normalspur.

Man fürchtete, dass eine private Gesellschaft unter französische Kontrolle geraten könnte. So hätte Frankreich die Linie zum Aufmarsch gegen das Deutsche Reich nutzen können. Bei einer meterspurigen Bahn war aber ein durchgängiger Verkehr nicht möglich. Allerdings war dies nicht im Sinne der Industriellen im Bocqtal. Im Bocqtal gab es mehrere kleinere Steinbruchbetriebe, die einen Bahnanschluss ohne Umladen forderten. Im Bocqtal wurde der Belgisch Granit, ein grau-blauer bis anthrazitfarbener Kalkstein, abgebaut und unter dem Namen »Petit granit du Bocq« vertrieben. Er ist einer der wenigen Weichgesteine, die sich beflammen lassen. Beim Polieren wird der ansonsten blaugraue Stein dunkel. Wird dieser Naturstein im Außenbereich verbaut, verliert er nicht nur in relativ kurzer Zeit von zwei bis drei Jahren seine Politur, sondern wird deutlich heller beziehungsweise grau.

Die SNCV begann mit den Arbeiten an der Strecke am 28. April 1892. Aber im Dezember 1892 forderten 61 Bürgermeister der Kantone Dinant und Ciney eine Abänderung der Pläne. Der Governeur entschied daher am 30. Juni 1894, die Linie in Normalspur zu bauen. Allerdings war es nun die »Chemins de fer de l'Etat Belge« (Belgische Staatsbahn), die den Bau der Strecke übernahm.

Es dauerte zehn Jahre, um die Verbindung zwischen Ciney und Yvoir zu bauen. Am 5. Mai 1898 wurde der Abschnitt Ciney–Spontin eröffnet, am 1. Mai 1902 die Strecke Spontin–Dorinne-Durnal, am 1. Mai 1903 der Abschnitt Dorinne-Durnal–Evrehailles-Bauche und am 1. Juni 1907 der Abschnitt Evrehailles-Bauche–Yvoir.

1960 wurde der Personenverkehr auf der Strecke eingestellt, den öffentlichen Nahverkehr übernahmen von nun an in dem dünn besiedelten Gebiet kostengünstigere Busse. Am 7. November 1983 fuhr der letzte Güterzug durch das Bocqtal. Die erhalten gebliebenen Steinbruchbetriebe transportieren den Kalkstein seitdem mit Lastwagen.

Die Strecke wäre längst in Vergessenheit geraten und abgebaut worden, wenn sich nicht 1988 die PFT (»Patrimoine Ferroviaire et Tourisme, deutsch: »Eisenbahnerbe und -Tourismus«) gegründet hätte. Am 12. September 1992 konnte der erste Tourismusverkehr zwischen Ciney und Spontin mit den Triebwagen 4605 und 544.18 (4618) durchgeführt werden. Eine enge Zusammenarbeit besteht mit der SNCB und der Abteilung *Patrimoine Historique de la SNCB-Holding (Historisches Erbe der SNCB Holding)*, so dass immer wieder interessante Zuggattungen zusammengestellt werden können.

@ http://cfbocq.be

Diesellok mit Personenwagen.

Die Eisenbahn von Sprimont

Eine Industriebahnlinie auf historischer Bahnstrecke

Die Eisenbahn von Sprimont fährt auf einem Teil der alten kommunalen Verbindung Poulseur–Sprimont–Trooz. Hier baut die »Chemin de fer de Sprimont« (CFS) seit 1981 ein Museum zur Industriebahngeschichte auf.

Sprimont ist eine Gemeinde in der belgischen Provinz Lüttich. Hier betreibt der Verein CFS eine Museumsbahn mit 600 Millimeter Spurweite, also der typischen Spurbreite von Feldbahnen. Der rührige Verein hat hier seit 1981 eine Sammlung von Industriebahnloks zusammengetragen und in Eigenbau Personenwagen angefertigt. Die Museumsstrecke ist nur ganze 500 Meter lang. Sie führt erst an Kuhweiden vorbei, hält dann am Museum und führt noch ein Stück in den Wald hinein.

Die Strecke ist Teil der ehemaligen Kleinbahn-Verbindung von Polseur über Sprimont nach Trooz, die von der »Société Nationale des Chemins de fer Vicinaux« (SNCV) gebaut wurde. Diese normalspurige Kleinbahn wurde mit Dampf betrieben und diente neben dem Personenverkehr dem Transport von Gütern sowie von Steinen aus einem Steinbruch. Der Abschnitt Poulseur–Sprimont wurde am 9. Dezember 1887 eröffnet, die Strecke Sprimont–Trooz am 22. Januar 1908. In Trooz gab es sogar einen Tunnel. Der Streckenabschnitt Sprimont–Trooz wurde 1937 stillgelegt und der Personenverkehr auf dem Reststück zwischen Sprimont und Poulseur eingestellt. Am 30. April 1965 wurde auch der Güterverkehr eingestellt; und die Gleise wurden abgebaut.

Der Verein hat sich vorgenommen, die Strecke in beide Richtungen zu verlängern. In Richtung Trooz ist die Bahnlinie allerdings durch die Autobahn unterbrochen worden.

@ www.cfs-sprimont.be

Die Vennbahn

Radeln und Wandern im deutsch-belgisch-luxemburgischen Grenzgebiet auf der alten Bahntrasse

Die Vennbahn ist eine ehemalige, 125 Kilometer Eisenbahnstrecke zwischen Aachen und Ulflingen (französisch Troisvierges, luxemburgisch Ëlwen) in Luxemburg. Der Gleiskörper ist größtenteils abgebaut; und auf dem Bahndamm wurde ein Fernradweg gebaut.

Die Anfänge der Vennbahn gehen zurück bis in die 1870er-Jahre. 1873 forderten die Städte und Kreise der ehemaligen preußischen Rheinprovinz, nämlich Malmedy, Monschau (damals noch Montjoie), Eupen und Stolberg eine Bahnstrecke, welche die Industrieorte miteinander verbinden und bis nach Luxemburg führen sollte. Über Luxemburg bestand dann weiter Anschluss zu den Erzgruben in Lothringen, das ab 1871 als »Reichsland Elsass-Lothringen« zum Deutschen Reich gehörte. Das Militär hatte nach dem Deutsch-Französischen Krieg 1870/71 »Brückenköpfe« auf dem linken Rheinufer gefordert und so wurden die deutschsprachigen Gebiete und Teile des Erzgebietes von Frankreich abgetrennt. In Metz entstand eine gewaltige Festung.

Im 19. Jahrhundert galt die Eifel als »rheinisches Sibirien«, als öde, rau und kalt. Karge Böden, zersplitterter Besitz und Missernten führten oft zu geringen Erträgen. Viele Kleinbauern und Gewerbetreibende mussten immer wieder um ihre Existenz bangen. Pläne zur Erschließung der Nordeifel durch eine Eisenbahn gab es, doch sie kam letzten Endes zu spät. Denn zu dieser Zeit mussten schon immer mehr Bewohner ihren Erwerb auswärts finden, vor allem in den Stahl- und Metallbetrieben des Aachener und Stolberger Raumes. Manche wanderten gar aus, vor allem nach Amerika.

Die Vennbahn änderte die Lage einschneidend. Neben neuen Geschäften sorgten nun auch Touristen für Einnahmen. Mit Beschluss der preußischen Regierung wurde ab 1882 an der Strecke gebaut und 1885 die Teilstrecke von Aachen-Rothe Erde nach Walheim in Betrieb genommen. Wagemutige Köpfe wie Michael Josef Mertens aus Lammersdorf erkannten die Chance: Er baute gegenüber dem Bahnhof den »Gasthof zur Eisenbahn« mit »heizbaren Schlafzimmern für Fremde«.

Infotafel am Vennbahn-Radweg in Luxemburg.

Gleisrelikt und Wasserkran in Kalterherberg.

Erste Reiseführer erschienen. Die Gäste schätzten die gute Luft und die schöne Landschaft. »Ebenso wie in der Schweiz«, war auf mancher Ansichtskarte zu lesen, die sogar in den Eisenbahnwagen abgestempelt werden konnten. Der Bau der Vennbahntrasse erforderte vielfältige Bauarbeiten. Hunderttausende Kubikmeter Erde mussten bewegt, Felsen gesprengt, Wege und Brücken gebaut, Schneeschutzdämme aufgeworfen oder Schwellen und Gleise verlegt werden. Und auch Bahnhofsgebäude mussten samt ihrem erforderlichen Umfeld errichtet werden. Die dafür notwendigen Arbeitskräfte waren zum einen vor allem Gelegenheitsarbeiter, die aus den Orten entlang der Bauabschnitte kamen. Zum anderen waren auch Spezialisten gefragt, die über die regionale Presse angeworben wurden. Zudem kamen auch Arbeitskräfte aus Polen und Italien. Die Italiener galten in Europa als erfahrene Bahnbauer.

Beim Anschluss der Stolberger Talbahn traten jedoch Verzögerungen auf. Der Gesamtbetrieb wurde nach Fertigstellung der Stolberger Strecke am 4. November 1889 von der Preußischen Staatsbahn zunächst eingleisig aufgenommen und diente in erster Linie dem Transport von Kohle aus dem Wurm- und Inderevier in Richtung Luxemburg und in Gegenrichtung von Eisenerz zum Thomasstahlwerk nach Aachen Rothe Erde und zur Konkordia-Hütte in Eschweiler. Außerdem erschloss die Strecke die strukturschwachen Wirtschaftsräume der Westeifel und des Hohen Venns, indem sie eine Fahrmöglichkeit zu den Arbeitsplätzen in der Aachener Industrie bot. Der angebundene Ort Breinig erhielt ein Bahnhofsgebäude, weitere Betriebe entlang der Trasse erhielten eigene Anschlussgleise. Ab 1893 begann der zweigleisige Ausbau der Strecke von Stolberg über Hahn (Anschluss von Aachen) bis Walheim (Grenze), der schließlich am 8. Mai 1909 mit dem Abschnitt zwischen Walheim und Lommersweiler beendet wurde. Der Ausbau erfolgte in erster Linie aufgrund der engen Kurven mit Radien ab 300 Meter und den zahlreichen Steigungen von bis zu 1,7 Prozent (17 Promille). Das Teilstück Aachen–Hahn blieb eingleisig.

Auf dem Hochplateau des Hohen Venns befindet sich mit 4.300 Hektar das größte Naturschutzgebiet Belgiens. Das Birkhuhn, das Wappentier des Naturparks Hohes Venn-Eifel, steht für die bedrohte Natur der Hochmoore. 1872 gab es noch 12.000 Hektar Moore und Heiden. Bald danach kamen Pläne zur landwirtschaftlichen Nutzbarmachung auf; und 1956 begann die Aufforstung. Als Gegenmaßnahme wurde 1957 das Naturschutzgebiet Hohes Venn gegründet. Lange gehalten hat sich die Torfstecherei, vor allem in Sourbrodt. Doch die industrielle Torfnutzung währte nur kurz. Übrigens wurde damals die Vennbahn hier »Bimmelbahn« genannt. Denn vor dem Queren der Wege für den Torftransport musste das Läutewerk betätigt werden.

Gab es am Anfang nur eine Haltestelle in Sourbrodt, so wurde bald ein Bahnhof benötigt. Immer mehr Züge, das Militärlager Elsenborn und Gewerbebetriebe ließen Sourbrodt aufblühen. Im Erdgeschoss des Bahnhofs gab es Räume für Bahnhofsvorsteher und Fahrdienstleiter, zwei Fahrkartenschalter und eine Gepäckannahmestelle. Besonders wichtig war die Bahnhofswirtschaft. Zugang gab es nur mit gültigem Fahrausweis 1. oder 2. Klasse. Der Wartesaal für die 3. Klasse war als Aufenthaltsstätte für Jedermann vorgesehen.

Zum regen Betrieb in den Gaststätten am Bahnhof trug auch der »Feurige Elias« bei. Denn mit dieser Kleinbahn für den Transport von Futtermitteln und Stroh fuhren die Militärs von Elsenborn auch zum Ausgehen. Manche Wirtschaft geriet dabei etwas in Verruf. So warnte eines Tages Hochwürden Pietkin von der Kanzel herab: »Diese Bahn führt in die Hölle!«.

Nach 1945 führten das belgische Militär und NATO-Einheiten im »Camp Elsenborn« immer wieder ihre Manöverübungen durch. Das Verladen der zahlreichen Militärzüge prägte das Eisenbahnerleben auf dem Sourbrodter Bahnhof. Besonders hart war der Bahnhofsalltag im Winter, wenn das Thermometer auf 20 Grad unter Null fiel. Besonders gefordert war der Sourbrodter Weichensteller mit dem Stellwerk Richtung Kalterherberg, denn dort befanden sich Militärrampen und ein Ausziehgleis für die Rangierfahrten. Dann war das Stellen der Weichen immer eine große Herausforderung. Heute werden Fahrten mit Railbikes von Kalterherberg zum Bahnhof Sourbrodt aus angeboten.

Von Lengeler führte die Vennbahn durch den 790 Meter langen Tunnel nach Wilwerdingen in Luxemburg. Am 4. November 1889 fuhr der erste Zug durch den Tunnel, als die Anschlusslinie von St. Vith nach Ulflingen eröffnet wurde. Die Bauarbeiten am 5,2 Kilometer langen Luxemburger Schlussstück der Vennbahn setzten im Frühjahr 1887 ein. Im September 1888 wurde der Tunnel durchbrochen, der nun der längste auf der ganzen Vennbahn war. Genauer betrachtet befindet sich der »Grenzlandtunnel« nur auf luxemburgischem Gebiet, da er 100 Meter vor der belgischen Grenze endet. Doch das war für das Grenzstück im Ösling eher von nachrangiger Bedeutung. Angeblich wussten hier nur Einheimische, Grenzgendarmen und Schmuggler, ob sie sich schon in Belgien befanden oder ob sie noch auf Luxemburger Boden standen. Geschmuggelt wurde hier insbesondere in den Jahren vor und nach dem Ersten Weltkrieg. Der Tunnel zwischen Lengeler und Wilwerdingen bot sich geradezu als Schmugglerroute an. Zum Beispiel wurde immer wieder Vieh zu Fuß über die Grenze »verbracht«. Dies war, wie man sich vorstellen kann, nicht ungefährlich. Einmal raste ein Zug in eine Herde hinein. Im Tunnel brannten ständig 90 Petroleumlampen. Die Lampen am Brennen zu halten war eine anstrengende und ungesunde Arbeit. Diese Aufgabe hatten die

Tunnelwärter. Kohle- und Verbrennungsgase setzten den Bahnbediensteten gesundheitlich zu. Bis zu einer Viertelstunde dauerte nach einer Durchfahrt der Abzug der Gase, insbesondere wenn zwei Lokomotiven den Zug aus dem Ulftal heraufzogen. Wenn der Bahnwärter zur Prüfung der Bahnanlagen die Strecke abschritt, musste er sich zur Prüfung seiner Anwesenheit in das Streckenbuch eintragen. Über dem Tunnel befand sich ein Gasthaus: Wenn unten die Dampfzüge in den Tunnel eintauchten, begannen oben auf der Theke die Gläser zu klirren und das Geschirr in der Küche zu scheppern.

Zu den besten Zeiten donnerten zwischen 30 und 40 Dampfzüge täglich durch das idyllische Ulftal. Zu Beginn der 1960er-Jahre verkehrte hier nur mehr ein Güterzug pro Woche. St. Vith war einst ein bedeutender Eisenbahnknotenpunkt. Die Wirtschaft in St. Vith und Umgebung wurde durch die Bahn gefördert. Der Bahnhof St. Vith beschäftigte in seiner Glanzzeit von 1910 bis 1925 rund 1.200 Personen und war der größte Arbeitgeber der Gegend. Die Bevölkerungszahl St. Viths nahm ständig zu. In den 1920er-Jahren passierten täglich knapp 30 Personenzüge den St. Vither Bahnhof. Dazu kamen rund 80 Güterzüge. Pro Tag wurden 1.200 bis 1.500 Waggons in St. Vith rangiert.

Mit dem Beschuss ostbelgischer Dörfer begann am 16. Dezember 1944 die Ardennenoffensive, die letzte große militärische Offensive der deutschen Wehrmacht im Zweiten Weltkrieg. Das strategische Ziel des deutschen Angriffes war Antwerpen, um die Nachschubwege der alliierten Truppen zu kappen. Die beiden Weihnachtstage 1944 sollten zu den schwärzesten in der Geschichte St. Viths werden. 153 Bewohner sowie über 1.000 Soldaten wurden getötet. Fast 600 Gebäude, über 90 Prozent aller Bauten, wurden durch alliierte Luftangriffe zerstört oder zumindest schwer beschädigt. Viele Tote konnten erst im Frühling nach der Schneeschmelze geborgen werden. St. Vith wird heute als das »Stalingrad des Westens« bezeichnet. Die Schlacht um St. Vith hat den Ausgang der Ardennenschlacht wesentlich beeinflusst. Denn weil die deutschen Truppen vier entscheidende Tage am Vormarsch gehindert wurden, kam der ganze Schlachtplan durcheinander und scheiterte schließlich. Viele Experten stufen die Schlacht um St. Vith kriegsentscheidender ein als jene um Bastogne.

Erster Weltkrieg und Versailler Vertrag

Im Ersten Weltkrieg kam der Vennbahn durch ihre Nähe zur Westfront und aufgrund der Aufmarschpläne des Schlieffenplans eine weitere Bedeutung als Aufmarsch- und Nachschubstrecke zu. Ab dem 2. August 1914 wurden entlang der Strecke die Truppen für den Angriff auf den Festungsring Lüttich ausgeladen. Später wurden weitere von ihr ausgehende Eisenbahnstrecken erbaut, so dass die Vennbahn die Kernlinie eines ganzen Netzes von strategischen Bahnen darstellte.

1916, mitten im Ersten Weltkrieg, wurde die Vennbahn mit der Bahnstrecke Luxemburg–Spa verbunden. Davon zeugt heute noch das Viadukt von Born, ursprünglich hieß es Freiherr-von-Korff-Viadukt. Er war von 1907 bis 1920 letzter preußischer Landrat des Kreises Malmedy. Nach dem Kriegsende wurde die Tafel mit dem Namensgeber entfernt. Freiherr von Korff wurde Polizeipräsident von Aachen, wo er 1923 zusammen mit obersten Repräsentanten des Regierungsbezirkes wegen passiven Widerstands gegen die belgisch-französische Rheinland-Besetzung ausgewiesen wurde. 1928 verstarb er als Polizeipräsident in Kassel im Dienst.

Die Gründe für den Bau des Viadukts waren strategischer Art, als es mitten im Ersten Weltkrieg galt, Güter und Truppen in Richtung Lüttich und Flandern zu transportieren. In Spa befand sich auch das Kaiserliche Hauptquartier, von dem der Krieg an der Westfront geführt wurde. In nur acht Monaten Bauzeit wurde mit 19.000 Kubikmetern Beton dieses 285 Meter lange Viadukt mit seinen elf Bögen errichtet. An der Stirnseite des Borner Viadukts stand bis zum Jahre 1920 der Name »Freiher von Korff«. Aufgrund der territorialen Zuständigkeiten infolge des Vertrages von Versailles wurde der Name »Freiherr von Korff« von den Belgiern entfernt. Gleiches widerfuhr auch dem bei der Errichtung 1916 angebrachten kriegspatriotischen Spruch »Krieg schallt es laut, als diese Bahn erbaut. Mit starker Hand und Manneskraft und trotz dem Feind war's bald geschafft.«

Nach dem Einmarsch deutscher Truppen im Zweiten Weltkrieg sprengte das belgische Militär 1940 das Viadukt von Hermanmont am anderen Ende der Strecke, um den Nachschub der deutschen Wehrmacht zu unterbinden. Die Freiherr-von-Korff-Brücke wurde ebenfalls mit Sprengkammern versehen, doch deren Nutzung blieb aus unbekannten Gründen aus. Gleich nach dem Zweiten Weltkrieg wurden die Trassen der einstigen Kriegsbahn zwischen Born und Vielsalm stillgelegt.

Aufgrund des Versailler Vertrags musste das Deutsche Reich die seit 1815 preußischen Kreise Eupen und Malmedy am 10. Januar 1920 an Belgien abtreten. Die Strecke wechselte durch die neue Grenzziehung in ihrem Verlauf nun mehrfach zwischen dem deutschen Reichsgebiet und Belgien. Belgien forderte, die Vennbahn unter belgische Verwaltung zu stellen, da diese für die Städte Malmedy und Eupen von besonderer wirtschaftlicher Bedeutung sei, und konnte sich durchsetzen. Am 27. März 1920 wurde von einer Grenzfeststellungskommission, der Vertreter Frankreichs, Englands, Italiens und Japans angehörten, festgelegt, dass der belgische Staat Eigentümer der Eisenbahnstrecke mitsamt ihren Bahnhöfen zwischen Raeren und Kalterherberg (dessen Bahnhof heute im belgischen Ort Leykaul liegt) sein sollte. Ab Raeren wurde die Bahnstrecke belgisches Hoheitsgebiet. Den Betrieb auf der Vennbahn führte somit ab dem 1. November 1921 die belgische Staatsbahn SNCB durch. In Deutschland lief der Zugsverkehr rechts, alle Signale und Hinweise befanden sich somit auf der rechten Seite des Gleises. In Belgien rollten die Züge links. Doch die belgische Eisenbahn behielt den Rechtsverkehr vorerst als Provisorium bei. Die »Signalisation transitoire« (deutsch: Übergangssignalisierung) basierte auf einer Sonderverfügung. Doch die Zwischenlösung hielt – nicht überraschend – bis zum Auslaufen der letzten Züge auf der Vennbahn. Somit musste jeder Lokomotivführer das deutsche Signalwesen kennen und beachten. 1924 wurde das zweite Gleis auf Veranlassung der Siegermächte wieder zurückgebaut.

Ein Kuriosum sind fünf deutsche Exklaven, die bei Roetgen und Monschau entstanden sind, da die Eisenbahntrasse belgisches Hoheitsgebiet wurde. Diese Exklaven bestehen heute noch, da die Trasse der Vennbahn offiziell belgisches Staatsgebiet ist und die westlich davon gelegenen Orte somit vom deutschen Staatsgebiet abschneidet. Es handelt sich um die Orte Ruitzhof (zu Kalterherberg, Stadtteil Monschaus), Mützenich (Stadtteil von Monschau), das Gehöft Rückschlag (zu Konzen, Stadtteil von Monschau), der westliche Teil von Lammersdorf (Ortsteil von Simmerath) und Teile von Roetgen.

Allerdings war und ist das Bahngelände ohne belgische Zoll- oder Polizeikontrolle zugänglich. Eine weitere Exklave bestand bis 1958 bei Hemmeres, der dortige Trassenabschnitt wurde jedoch an Deutschland zurückgegeben. Das anfänglich hohe Verkehrsaufkommen ging nach dem Ersten Weltkrieg zurück, da im Zusammenhang mit der Weltwirtschaftskrise vor allem Luxemburg seine Märkte für das Eisenerz nach Frankreich verlagerte. Hinzu kam der neu eingeführte Zoll, der die luxemburgischen Erze im Deutschen Reich verteuerte. Ab dem 1. Januar 1932 fuhren keine Kokstransporte mehr auf der Strecke. Der grenzüberschreitende Verkehr nach Luxemburg wurde kurz vor dem Zweiten Weltkrieg schließlich ganz eingestellt.

1926 wollte man die belgischen Ostkantone, das ehemalige Gebiet Eupen-Malmedy, wieder an Deutschland zurückgeben, gegen die Zahlung von 200 Millionen Reichsmark. Doch diese Pläne scheiterten am Veto der Franzosen. In den 1920er-Jahren gewannen auf beiden Seiten der Grenze nationalistische Positionen zunehmend Überhand.

Niedergang in Zügen nach dem Zweiten Weltkrieg

Im Zweiten Weltkrieg wurde die Vennbahn während der Ardennenoffensive 1944/45 Kriegsschauplatz. Dabei wurden viele Brücken und Tunnel zerstört. Der Wiederaufbau zog sich lange hin, zwischen Lommersweiler und Burg-Reuland unterblieb er aufgrund der umfangreichen Zerstörungen ganz. Das nördliche Reststück konnte daher trotz der sich abzeichnenden europäischen Einigung nicht weiter für seinen ursprünglichen Zweck genutzt werden und wurde ebenfalls nach und nach stillgelegt. Zwischen Raeren und Sourbrodt wurde 1945 der Personenverkehr nicht mehr aufgenommen. Zwischen Wilwerdingen und Troisvierges wurde noch bis zum 17. November 1950, zwischen Aachen und Brand bis zum 22. November 1959 und zwischen Stolberg und Schmithof bis zum 31. Dezember 1961 Personenverkehr durchgeführt.

Nach dem Zweiten Weltkrieg sank die Auslastung stetig, so dass die Strecke schließlich bis 1989 vollständig stillgelegt und teilweise rückgebaut wurde. Der Güterverkehr zwischen Burg-Reuland und Wilwerdingen endete schon 1962, zwischen Wilwerdingen und Troisvierges 1977, zwischen Aachen-Rothe Erde und Aachen-Brand am 31. August 1984, zwischen Raeren und Sourbrodt am 30. Juni 1989 und zwischen Stolberg-Mühle und Walheim-Schmithof am 1. Juni 1991. Der Abschnitt Raeren-Sourbrodt ging 1989 von der SNCB in den Besitz der Deutschsprachigen Gemeinschaft in Belgien über. Die letzten Güterzüge auf einem eher kurzen Abschnitt der Vennbahn bedienten den belgischen Bahnhof Sourbrodt mit militärischem Material für den nahe gelegenen Truppenübungsplatz Elsenborn bis 1999. Diese schweren Panzertransporte erreichten Sourbrodt allerdings vorrangig über die Vennquerbahn, von Jünkerath kommend über Bütgenbach und Weywertz, wo Kopf gemacht werden musste. Von Stavelot über Malmedy und Weywertz gab es darüber hinaus noch bis Anfang 2004 Holztransporte zum Sägewerk in Büllingen. Mit Einstellung dieser Verkehre Anfang 2004 endete nicht nur der Güterverkehr auf den letzten befahrbaren Abschnitten der Vennbahn, sondern auch der Gesamtverkehr im ehemaligen Vennbahnnetz.

Nach der Einstellung des Güterverkehrs durch die SNCB 1989 wurde der Versuch unternommen, die landschaftlich reizvolle Strecke über einen gemeinnützigen Verein als Museumsbahn für den Tourismus zu vermarkten. Zwischen Raeren und Bütgenbach gab es seither in der Sommersaison Wochenend- und Feiertagsverkehr mit dampf- und dieselbespannten Museumszügen; einige Züge fuhren sogar bis Stavelot und Trois Ponts. Nach zwölf durchaus erfolgreichen Jahren musste aber auch diese Form der Nutzung Ende 2001 eingestellt werden, weil der Oberbau völlig abgenutzt und die Deutschsprachige Gemeinschaft Belgiens nicht bereit war, den notwendigen zweistelligen Millionenbetrag für eine mögliche Sanierung aufzubringen. Damit war das Ende gekommen; die Umwandlung der Trasse in einen Fahrradweg folgte.

Gäbe es die Vennbahn heute noch, wäre sie möglicherweise eine Alternative für den Güterverkehr auf der Rheintalstrecke und auf der Moselbahn. In Belgien gibt es Überlegungen, die Strecke von Eupen nach Stolberg wieder in Betrieb zu nehmen und so die Kapazität des Güterverkehrs unter Umfahrung Aachens zu steigern. So würde wenigstens ein kleines Teilstück der Vennbahn wieder zum Leben erwachen.

Ein neues Leben nach der Eisenbahn

Heute werden nur noch Fahrten mit den Railbikes zum Bahnhof Sourbrodt von Kalterherberg aus angeboten. Sie führen im weiteren Sinne eine Art Bahnverkehr fort. Am Bahnhof Sourbrodt lassen nur noch wenige Zeugen von einst wie ein Stellwerk oder das renovierte Bahnhofsgebäude eine Vorstellung von der Betriebsamkeit und dem Gesellschaftsleben zu den goldenen Zeiten der Vennbahn erahnen. Seit dem Frühjahr 2013 ist der überwiegend asphaltierte Radwanderweg durchgängig befahrbar. 19 Radverleihstationen gibt es an der Route. 2 Prozent beträgt die durchschnittliche Steigung der Route. Der Anstieg wird besonders bequem per E-Bike oder Pedelec überwunden.

Die Radler werden auch zukünftig weiterhin auf belgischem Territorium fahren, da die Trasse nach wie vor zu Belgien gehört. Nicht nur diese Tatsache konfrontierte die Behörden in ihrer grenzüberschreitenden Zusammenarbeit immer wieder mit Herausforderungen: Wechselseitiges Einreichen von Baugenehmigungen des Nachbarstaates für das eigene Teilstück durch die eigene Behörde; unterschiedliche Vorschriften und Richtlinien zur Gestaltung der Radwege oder deren Kreuzung mit Straßen; Sprachregelungen für die Gestaltung der Wegweiser;

Klärung von machbaren Zuständigkeitsregelungen für Baulastträgerschaft, Polizei und Rettungsdienste. Doch letzten Endes wurden immer Lösungen gefunden.

Der Lengeler Tunnel kann wegen des Naturschutzes nur eingeschränkt genutzt werden. Ein Jahr vor Fertigstellung der Vennbahn-Radroute wurde im Tunnel eine etwa 300 Tiere zählende Fledermauskolonie entdeckt. Unter den neun verschiedenen Arten dieser Fledertiere ist die Teichfledermaus eine erstmals in Luxemburg belegte Spezies. In den Wintermonaten beziehen die unter Naturschutz stehenden Fledermäuse im Tunnel ihr Winterquartier. So bleibt der Tunnel von Anfang November bis Ende April für die Radler geschlossen. Dennoch ist mit einer Alternativtrasse eine ganzjährige Befahrbarkeit des Streckenabschnittes zwischen Huldingen und Lengeler gewährleistet.

@ www.vennbahn.eu

TIPP

Die einstige Tuchmacherstadt **Monschau** lockt mit zahlreichen, hervorragend erhaltenen Fachwerkhäusern und dem einzigartigen »Roten Haus«.

Es ist lange her, dass **Robertville** für seine Torfstecher bekannt war. Die Talsperre, mit der die Warche vor fast 90 Jahren zu einem 80 Hektar großen See aufgestaut wurde, hat Robertville zum Mekka für Erholungsuchende gemacht. Dichter Wald reicht bis ans Ufer. Den schönsten Blick hat man von der Haelener Brücke, die den See in der Mitte überquert.

Der Ort **Bütgenbach** und seine Talsperre sind ein beliebtes Naherholungsgebiet mit hervorragender Sport- und Freizeitinfrastruktur.

Der alte Bahnhof von **St. Vith** beherbergt heute das Geschichtsmuseum zwischen Venn und Schneifel.

Die Kapelle von **Weweler** und die Burgruine in **Reuland** zieren die herrlichen Ardennenausläufer im Süden Ostbelgiens im Tal der Our.

Die Dreitäler-Dampfbahn

Dampfbetrieb im Süden Belgiens

Diese Museumsbahn führte einst von Mariembourg nach Nordfrankreich. Heute wird noch der 14 Kilometer lange Abschnitt bis zum ehemaligen Grenzbahnhof Treignes befahren. Die Linie führt durch die Täler der Brouffe, l'Eau Blanche (Weißes Wasser), l'Eau Noire (Schwarzes Wasser) und durch das Tal der Viroin. Die drei letztgenannten Flüsse gaben der Bahn den Namen »Chemin de fer à Vapeur des 3 Vallées« (kurz CFV3V, deutsch: »Dampfbahn der drei Täler«). Der Verein besitzt mehrere Dampf- und Dieselloks.

Wir befuhren die Strecke nicht mit dem Dampfzug, sondern mit den Diesel-Triebwagen 201-211. Diese von der deutschen West Waggon in Köln-Deutz 1956 gebauten Triebwagen standen einst in Diensten der luxemburgischen Eisenbahn; und seit 1995 gehört diese Triebzugeinheit zum Museumsbestand. Der Triebzug erreicht eine Geschwindigkeit von bis zu 105 Stundenkilometer. Die Museumsbahn wurde 1973 gegründet. In Mariembourg ist das ehemalige Lokdepot erhalten geblieben. Der Lokschuppen ist aus rotem Backstein gebaut mit einem Dach aus Beton. Hier gibt es die einzige noch betriebfähige Drehscheibe in ganz Belgien. In Treignes gibt es eine Fahrzeughalle, dort führt der Verein die meisten Wartungsarbeiten aus. Hier kann man die 45-Minuten-Pause bis zur Rückfahrt zu einer Besichtigung oder einem Abstecher ins Museumscafé nutzen. Bemerkenswert ist der 485 Meter lange »Tunnel des Abannets« bei Nismes.

Die Landschaft zwischen Mariembourg und Olloy nennt sich »Calestienne«. Die Besonderheit dieser Gegend ist eine Reihe von Kalksteinkämmen und Höhlen. Die Hügel waren bis zum Beginn des 20. Jahrhunderts kahl, da sie für die Beweidung mit Ziegen und Schafen genutzt wurden. Bei Nismes entstand 1947 eines der ersten Naturreservate Belgiens. Charakteristisch ist der Bewuchs mit Buxbäumen und Eichen. Auf den Wiesen findet man eine seltene Pflanze, die rosa Pimpernelle – die »Rose Mariembourgs«. Zwischen Olloy und Treignes verlässt der Strecke die Calestienne. Südlich der Bahnlinie zeigen sich die Ausläufer der Ardennen. Hier war Holz ein wichtiger Rohstoff zum Heizen sowie zum Bauen und für Möbel. An der Nationalstraße 99 gibt es einen Weinberg, auf dem Rotwein-Reben wachsen.

Die Dampflok AD 05 stammt aus dem Jahr 1926.

Der ehemalige Grenzbahnhof Treignes.

Von Vierves windet sich die Bahnstrecke in einem wunderschönen Tal entlang der Viroin dem Endpunkt Treignes entgegen. Bereits 1835 untersuchte die belgische Regierung die Möglichkeit, die Region zwischen Sambre und Maas durch eine Bahn zu erschließen. Die hügelige und bewaldete Region ist reich an Bodenschätzen. Die Rohstoffe Eisenerz, Kalkstein, Schiefer und Holz sollten mit einer Bahn nach Charleroi transportiert werden. Im April 1845 entstand die Gesellschaft »Société du Chemin de fer de l'Entre-Sambre-et-Meuse« (Eisenbahn zwischen Sambre und Maas). Im November 1845 wurde der Abschnitt Charleroi–Walcourt eröffnet, am 8. Juni 1854 wurde Mariembourg und am 15. Juni 1854 Vireux-Molhain in Nordfrankreich erreicht. Damit entstand eine durchgehende Verbindung von Brüssel zum französischen Charleville. Im Jahr 1854 fusionierte die »Bahn zwischen Sambre und Maas« mit der »Eisenbahn von Antwerpen–Rotterdam«. Diese neue Gesellschaft wurde »Grand Central Belge« (Große Belgische Zentralbahn) genannt. Am 1. Januar 1897 wurde die Linie Mariembourg–Vireux vom belgischen Staat übernommen. Grenzstation war zunächst der Bahnhof von Vierves, erst ab 1902 wurde Treignes zum Grenzbahnhof ausgebaut und 1904 die Zollabfertigung dorthin verlegt. Das Bahnhofsgebäude ist immer noch beeindruckend mit seinen zweistöckigen Häusern (Wohnungen im Obergeschoss sowie lokale Einrichtungen und Zoll im Erdgeschoss). Die Bahn brachte der Region einen wirtschaftlichen Aufschwung. Der imposante Bahnhof ist der steinere Zeuge dieser Blütezeit. Zur Zeit der Grenzkontrollen gab es am Bahnhof noch zwei hölzerne Wachtürme.

Nachdem 1962 der Grenzverkehr zwischen Treignes und Vireux eingestellt wurde, folgte 1963 die Einstellung des Personenverkehrs auf dem Streckenabschnitt Treignes–Mariembourg. Der Güterverkehr wurde zuletzt auf dem Abschnitt Mariembourg–Nismes noch bis 1973 aufrecht erhalten. Der Verein setzte sich für eine Reaktivierung der Strecke als Museumsbahn ein. 1976 fuhren bereits zwischen Treignes und Nismes die ersten Dampfzüge, 1977 wurde die Strecke bis Mariembourg verlängert.

Mit dem Dampfzug und der Lokomotive 38 2267 (Baujahr 1918) – der »preußischen P8« – und den nostalgischen Reisezugwagen, die zwischen 1903 und den 1950er-Jahren gebaut wurden, kommt ein außergewöhnlicher Personenzug zum Einsatz: Hier gibt es Wagen von der 1. bis zur 4. Klasse. Auf den offenen Plattformen einiger Wagen kann man sich sogar den Fahrtwind um die Nase wehen lassen. Im Barwagen gibt es heiße und kalte Getränke sowie kleine Imbisse.

@ www.CFV3V.be

Die Straßenbahn an der Aisne

Eine der ältesten Museumsbahnen Belgiens

Der »Tramway Touristique de l'Aisne« (TTA) ist eine der ältesten Museumseisenbahnen Belgiens. Die Schmalspur-Straßenbahn verläuft zwischen Érezée und Lamôrménil durch ein ländliches Gebiet in der belgischen Provinz Luxemburg. Die Bahn fährt anfangs durchs Tal der Aisne und steigt dann zwischen Dochamps und Lamôrménil steil auf die Hochfläche der Ardennen an.

Die Gegend erinnert an den Schwarzwald. Tannen säumen die kurvige Straße hinunter ins Tal zum Ort Érezée. Érezée liegt mitten im Herzen der Ardennen, hier gibt es ein Schokoladenmuseum – die belgischen Schokoladenspezialitäten von der Schokoladenmanufaktur Defroidmont sind einfach zum Dahinschmelzen. Philippe Defroidmont entdeckte in der familieneigenen Konditorei seine Leidenschaft für Schokolade und andere süße Köstlichkeiten. 1984 gründete er seine eigene Schokoladenmanufaktur, die sich seit dem Jahr 2000 am Waldrand von Érezée befindet. Schokoladenhamsterkäufe können im reich bestückten Ladengeschäft getätigt werden.

Wir verzichteten aber diesmal auf die Schokoladenseite von Érezée, denn uns zog es zum Museumsbahnhof. Die Schmalspurbahn (1.000 Millimeter Spurweite) wird vom gemeinnützigen Verein »Tramway Touristique de l'Aisne« (TTA) betrieben. Der TTA wurde am 18. September 1964 von Mitgliedern der »Association pour le Musée du Tramway« (Amutra) gegründet, die im alten Bahnhof von Schepdaal seit 1961 ein Kleinbahnmuseum verwaltet, das vor allem Meterspur-Fahrzeuge der »Société Nationale des Chemins de fer Vicinaux« (SNCV) ausstellt. Nach Verhandlungen mit der SNCV erhielt die TTA am 1. April 1965 das Recht, den 11,2 Kilometer langen Abschnitt von Pont d'Érezée nach Lamôrménil für einen Museumsbetrieb zu nutzen – dafür übernahm der Verein die Reparatur- und Instandhaltungskosten. Sie ist damit eine der frühesten Museumsbahnen Belgiens.

Die Museumsstrecke ist ein Teilstück der ehemaligen Schmalspurbahn von Melreux nach Manhay, die zwischen 1908 und 1912 erbaut wurde. Ab 1965 begann der Verein mit der Streckensanierung; und zwei Straßenbahnen des Typs AR 133 wurden auf den Abstellgleisen in Blier abgestellt. Das AR steht für Autorail. Diese motorangetriebenen Straßenbahnen wurden 1966 in der SNCV-Werkstatt Cureghem restauriert.

Halt in Amonines.

Im Tal der Aisne zwischen Amonines und Forge-à-la-Plez.

Der Museumsbahn-Betrieb begann am 25. Juni 1966 auf dem sechs Kilometer langen Streckenabschnitt von Érezée nach Forge-à-la-Plez. Im Jahr 1967 wurden in Blier eine viergleisige steinerne Remise und in Pont d'Érezée ein kleiner hölzerner Empfangspavillon errichtet. Der Holzbau wich längst einem Neubau. 2005 wurde der Bahnhofsneubau in Pont d'Érezée eingeweiht. Er verfügt über eine Schalterhalle, beherbergt die örtliche Touristeninformation, eine Cafeteria und sanitäre Anlagen sowie eine große Ausstellungsfläche im ersten Stock.

Anfangs besaß die TTA zwei Kleinbahn-Dampfloks. 1989 musste der Dampfbetrieb jedoch wegen Schäden an den betagten Kesseln eingestellt werden. Daraufhin konzentrierten sich die Vereinsmitglieder 1992 auf die Reparatur des Streckenabschnitts zwischen Forge-à-la-Plez und Dochamps.

Verlängerung bis Lamorménil

2006 wurde eine Umgehungstraße in Dochamps gebaut, die den Betrieb zwischen Forge-à-la-Plez und Dochamps ermöglicht. 2009 wurde nur die Strecke zwischen Pont d'Érezée und Forge-à-la-Plez fahrplanmäßig befahren. Die Aufräumarbeiten auf der Strecke zwischen Dochamps und Lamorménil begannen 2013. Daraufhin wurde 2014 die Strecke zwischen Dochamps und Lamorménil mit einem Gesamtbudget von 873.000 Euro saniert. Die Arbeiten wurden durch die Région Wallonne, die Provinz Luxembourg und die Gemeinden von Érezée und Manhay finanziell unterstützt. Die Streckenverlängerung von Forge-à-la-Plez über Dochamps nach Lamôrménil wurde durch Prinz Laurent von Belgien am 21. Juni 2015 feierlich eröffnet. Seitdem ist die Strecke 11,2 Kilometer lang.

Wir befuhren die Strecke mit der Auto-Tram AR 133. Der AR 133 stammt aus dem Jahr 1935 und wurde von der wallonischen Firma Baume & Marpent gebaut. Das Bähnlein mit Beiwagen schaukelte und ratterte über die Gleise. Aber es bewältigte anstandslos auch die Steigung nach Lamôrménil hinauf. Unterwegs fuhren wir an einer Biberkolonie vorbei. Der Steilabschnitt beginnt hinter einer ehemaligen Mühle, die einsam im Wald liegt. Der Höhenunterschied zwischen dem Ausgangspunkt Pont Érezée und dem Endpunkt Lamorménil beträgt rund 230 Höhenmeter. Dank des Engagements des Vereins konnte diese malerische Linie in den Ardennen erhalten werden.

@ www.tta.be

Die Straßenbahn Han

Mit der Straßenbahn zur Höhlenexkursion

Die Straßenbahn Han ist eine historische Straßenbahn in Wallonien, die Touristen vom Zentrum in Han-sur-Lesse zur Grotte von Han bringt. Das kleine Dorf Han-sur-Lesse in den Ardennen liegt nur eine Autostunde von Brüssel entfernt in der belgischen Provinz Namur. Die Grotte von Han ist einzigartig durch die Schönheit ihrer Tropfsteingebilde.

Vor mehr als 500.000 Jahren verließ der Fluss Lesse, der an den Ausläufern der Ardennen entlang fließt, sein natürliches Flusstal, um in das Kalkmassiv von Boine einzudringen. Nachdem die Lesse das Massiv teilweise unterirdisch durchquert hat, tritt sie nach zwei Kilometern wieder an die Oberfläche. Die Grotten bestehen aus einer Reihe von weit verzweigten Höhlen mit einer Gesamtlänge von zehn Kilometern. Davon sind drei Kilometer für Touristen zugänglich. Highlights sind unter anderem der fünf Meter hohe und 12.000 Jahre alte Stalagmit »das Minarett« und der sieben Meter hohe Stalagmit »die Trophäe«. In Begleitung eines Führers entdecken Sie dieses verborgene Gängesystem, das noch lange nicht all seine Geheimnisse preisgegeben hat. Die fast zwei Kilometer lange Besichtigung dauert rund 1 Stunde und 45 Minuten und wird zu Fuß unternommen. Seit 2018 zeigt sich die Grotte mit einer LED-Beleuchtung in einem neuen Licht. Diese Beleuchtung hebt die natürliche Farbe der Tropfsteinhöhle hervor; und die Tropfsteine enthüllen nun ihre ganze Schönheit. Diese LED-Lampen verbrauchen zehn Mal weniger Energie als herkömmliche Glühbirnen. Darüber hinaus haben diese Lampen eine längere Haltbarkeit und erhitzen sich nicht so stark. Letzteres verhindert das Wachstum von Algen und Moosen in der Grotte. Die Besucher sind begeistert!

Zu den Grotten gehören ein Wildtierreservat und ein Prähistorisches Museum. Im Informationszentrum in Han werden Kombi-Tickets angeboten. Ein 250 Hektar großer Park breitet sich im ehemaligen Lesse-Tal und auf dem Kalkmassiv aus, das die Grotte überragt. Diese geschützte Natur beherbergt das Wildtierreservat. Der Wildtierpark besteht aus ungefähr zwanzig Tierarten, die einst in dieser Region gelebt haben oder noch immer hier heimisch sind. Der Wildtierpark ist der einzige in Belgien, in dem auch die »fünf Großen« der europäische Tierarten leben: Wolf, Bär, Luchs, europäisches Bison und Vielfraß. Von den ausgestorbenen oder verdrängten Tierarten der Region wurden manche wiedereingeführt, zum Beispiel das Tarpan-Pferd oder der Auerochse. Auch anderen bedrohten Tierarten wird viel Aufmerksamkeit geschenkt. Sie sind Teil des Wiedereinführungsprogramms. Als einzig in seiner Art wurde der Wildtierpark daher als »Bester Tierpark Belgiens« ausgezeichnet; und 2018 wurde der Geopark Famenne-Ardennen, in dessen Zentrum sich die Grotte von Han befindet, als erster belgischer »UNESCO Global Geopark« anerkannt. Ein Geopark ist ein besonders ausgewiesenes Gebiet von internationaler geologischer Bedeutung, in dem Erdgeschichte erlebbar gemacht wird. In diesen Regionen soll verständlich gemacht werden, wie Landschaften entstehen, welche Gesteine und Rohstoffe im Untergrund vorkommen und wie Geologie und Böden die jeweilige Landnutzung beeinflussen.

Zu Fuß oder im Safari-Bus kann man dieses Paradies erkunden. Ein ganz besonderes Erlebnis ist das Übernachten in den Bäumen: Verbringen Sie die Nacht in den »Tree Tents«, das sind vom Baum hängende Zelte, mitten im Wildtierpark. Jedes Tree Tent ist mit einer riesigen Matratze von 2,40 x 2 Meter ausgestattet. Bettlaken, Kopfkissen und Steppdecken finden Sie an Ort und Stelle. Vor dem Zelt, auf der Plattform, gibt es eine kleine Terrasse mit Vorzelt, zwei Sitzplätzen und einem Tischchen. In aller Ruhe werden Sie die Tiere im Tal beobachten können! Eine Laterne ist im Zelt vorhanden. Auf festem Boden dienen Waschbecken und Trockentoilette als Sanitäranlagen. Dort finden Sie ebenfalls kleine Schränke mit Schlössern, um Ihre Sachen sicher zu verstauen.

Mit dem Bähnlein zur Grotte

Nächstgelegener Bahnhof ist Jemelle an der Bahnstrecke Brüssel–Luxemburg. Von dort geht es weiter mit dem Bus bis Han-sur-Lesse. Der Bus hält direkt am Informationszentrum. Oder Sie steigen in die über 100 Jahre alte Straßenbahn ein und genießen die fast vier Kilometer lange Fahrt zur Grotte. Die Straßenbahnlinie wurde durch Königlichen Beschluss vom 8. Juli 1905 an die SNCV vergeben und am 1. Juni 1906 offiziell eröffnet. Sie ist ein Zweig der Linie Rochefort–Wellin, die 1904 eröffnet wurde. Die Straßenbahn Han diente von Anfang an dem Touristenverkehr zur Höhle. Die Idee war jedoch nicht neu, da die »Société Anonyme de la Grotte de Han« (Gesellschaft der Grotte von Han) im Januar 1903 den Bau einer Zahnradbahn zwischen dem Ausgang der Höhle und dem Loch von Belvaux über die Spitze von Boine geplant hatte. Die Höhlengesellschaft wurde am 28. Februar 1895 gegründet. Damit ist sie die älteste belgische Gesellschaft mit beschränkter Haftung, die sich auf den Tourismus konzentriert und immer noch aktiv ist.

Die Straßenbahn wartet im Zentrum von Han-sur-Lesse auf die Abfahrt.

Abends: Der Ausgang der Höhle, wo die Lesse wieder aus dem Untergrund auftaucht.

Am 16. September 1904 bat der Gemeinderat von Han die SNCV, die Möglichkeit einer Verbindung zwischen der Straßenbahnhaltestelle im Stadtzentrum und dem Eingang zur Höhle zu untersuchen. Der Touristenverkehr zur Höhle hatte so überhandgenommen, dass die kommunalen Straßen mittlerweile überlastet waren. Zu dieser Zeit borgten sich die Höhlenbesucher die verschiedensten Pferdewagen, was bereits damals zu Staus führte!

Während des Ersten Weltkrieges wurden die Gleise 1916 von den deutschen Besatzern demontiert, aber bereits am 13. Juni 1920 konnte die Strecke wiedereröffnet werden. Bis 1935 fuhren Dampfstraßenbahnen, seitdem wird der Dienst mit Diesel betrieben. Es fährt ein Motorwagen, der einen oder mehrere offene Beiwagen mitführt. Die Schmalspurbahn in 1.000 Millimeter Spurweite führt über eine Länge von 3,7 Kilometern von der Kirche von Han über Rochefort und Wellin hinauf bis zu den Felsen von Faule und wurde der Betreibergesellschaft für den Betrieb des Verkehrs über Rochefort–Grotte-de-Han–Wellin am 1. Januar 1909 verpachtet. Später wurden noch einige kleine Anpassungen durchgeführt, wie die Verlegung der Endstation an den Eingang der Höhle und im Jahre 1989 die Verlegung des Startpunktes zur Kirche gegenüber vom Park.

Bis 1935 wurde die Strecke von Zügen befahren, die von Dampflokomotiven gezogen wurden. Manchmal waren zwei Loks erforderlich. In der Saison wurden nicht weniger als sieben Züge täglich zum Grotteneingang gezählt. Die Einführung von Diesel-Motortriebwagen ab 1935 ermöglichte einen effizienteren Streckenbetrieb und eine Verdoppelung der Kapazität auf der Linie. Während des Zweiten Weltkrieges wurde die Linie weiterhin genutzt, auch wenn die Besucherzahl auf einige Hundert pro Jahr sank. Der Abschnitt Rochefort–Wellin (flämisch Wellen) wurde am 1. September 1955 eingestellt. Der Streckenteil zur Höhle entging dem Abbau und wurde im Jahr 1955 an die »S.A. du Chemin de fer Vicinal des Grottes de Han« (Überlandstraßenbahn zu den Grotten von Han) übertragen, aus der 1966 die »S.A. pour l'Exploitation du Chemin de Fer Vicinal des Grottes de Han« (Gesellschaft zur Nutzung der Überlandstraßenbahn Grotten von Han) wurde. An dieser Gesellschaft hat die »S.A. des Grottes« seit dem 1. Januar 1975 eine Mehrheit. Damit hat die S.A. des Grottes die Kontrolle über die Linie.

Neben den Dienstwagen setzt sich der Fuhrpark heute aus sechs Motortriebwagen (den ART 89 und 90, den AR 145, 159, 168 und 266) aus den 1930er-Jahren und einem Dutzend Anhängern, die um das Jahr 1895 gebaut wurden, sowie ihren kleineren Schwestern, – in identischer Weise unter den Nummern GR 001–GR 009 gebaut, jedoch mit richtigen Bremsen bestückt – zusammen.

Der AR 145, der älteste fahrende Triebwagen der Grotte, ist ein Triebwagen mit Metallaufbau, mit dessen Bau die Gesellschaft Baume & Marpent in Haine-Saint-Pierre am 7. März 1934 beauftragt wurde. Er trat beim Wellin-Konzern in den Dienst und befuhr unter anderem die Strecke der Grotte am 15. Oktober 1935. Er wurde um 1950 durch Ballast in eine Zugmaschine umgewandelt.

Von Han-sur-Lesse fährt die Straßenbahn zunächst in südöstlicher Richtung, passiert dann den Ausgang der Grotte, klettert bergauf durch die Wälder und endet am Höhleneingang. Hier steigen die Reisenden aus und begeben sich zum Höhleneingang. Der Zug fährt leer zurück und hält auch nicht am Höhlenausgang. Die Touristen müssen das letzte Stück Wegs in den Ort zu Fuß zurücklegen.

Werden Sie zum Höhlenforscher

Entdecken Sie neben den normalen Wegen durch die Grotten von Han den »Parcours Speleo«. Auf der gesicherten Strecke kraxeln Sie im unwegsamen Gelände durch Flussmatsch und Geröll. Aber keine Angst! Bevor es losgeht erhalten Sie einen Overall, einen Helm, eine Stirnlampe und Gummistiefel. Sie können auch Ihre eigenen Stiefel mitbringen. Und schon sind Sie bereit, Höhlenforscher zu spielen! Nachdem Sie von einem erfahrenen Führer einige Erklärungen erhalten haben, sind Sie dort unten auf sich alleine gestellt. Sie klettern, gehen und kriechen in Ihrem eigenen Rhythmus durch den 600 Meter langen, aber einfachen »Parcours Speleo«. Wenn Sie keine Angst vor Schlamm und der Dunkelheit haben, ist dieser Parcours sehr leicht und mit viel Spaß zu bewältigen. Achtung: Einige Stellen sind sehr eng. Von der Teilnahme wird dringend abgeraten: herzkranken, klaustrophoben oder korpulenten Personen.

@ www.tramdehan.net
@ www.grotte-de-han.be/de/ihr-besuch
@ http://www.geoparkfamenneardenne.be/

Der **UNESCO Global Geopark Famenne-Ardennen** befindet sich in der Wallonie in Süd-Belgien. Die Landschaft wird durch drei verschiedene geologische Gebiete markiert: das nördliche Famenne mit großer Schiefer-Geodepression, die südlichen Ardennen mit einem breiten Gebirgsplateau, wo vor allem Sandstein vorherrscht, sowie das zentrale Calestienne, wo sich ein topographischer Kalkstein-Vorsprung, eine Karstlandschaft, befindet. Die Tropfsteinhöhlen von Han gehören dazu.

Straßenbahn- und Busmuseum Luxemburg

Das »Musée des Tramways et de Bus de la Ville de Luxembourg« (TVL) befindet sich auf dem Gelände der öffentlichen Verkehrsbetriebe in der Rue de Bouillon im Stadtteil Hollerich. Das Museum verfügt über zwei betriebsfähige Straßenbahntriebwagen, zwei Straßenbahnbeiwagen, eine Pferdestraßenbahn als Nachbau in Originalgröße, zwei Autobusse sowie einen Oberleitungswartungskraftwagen.

Das »Trambahn-Museum« der Stadt Luxemburg liegt auf dem Gelände der öffentlichen Verkehrsbetriebe im Stadtteil Hollerich. Das Gebäude selbst ist jüngeren Datums, es wurde gleichzeitig mit der zweiten Bauphase des Ausbesserungswerks der Verkehrsbetriebe errichtet. Die Außenansicht erinnert an ein Straßenbahndepot. Das Museum wurde am 27. März 1991 eröffnet.

Die Straßenbahn Luxemburg verkehrte von 1875 bis 1964, bis 1908 fuhren Pferdebahnen. Die Wiedererrichtung einer Straßenbahnlinie in Luxemburg für 550 Millionen Euro wurde im Juni 2014 vom Parlament beschlossen. Am 10. Dezember 2017 wurde der Betrieb der »neuen« Straßenbahn auf einem ersten Streckenabschnitt eröffnet. Die »Stater-Tram« (deutsch: »Stadt-Straßenbahn«) soll im Endausbau 2021 bis zum Flughafen Findel und Cloche d'Or führen.

Zu Beginn der 1960er-Jahre haben die Verantwortlichen der Verkehrsbetriebe damit begonnen, die ersten Teile der Sammlung zusammenzutragen, die heute das Museum ausmachen. In dieser Zeit wurde auch das Straßenbahnnetz aufgelöst und nach und nach durch Busse ersetzt. So ist zu dieser Zeit ein gewisses Gefühl der Nostalgie für die Straßenbahnen entstanden, was für die Entwicklung der Sammlung von Fahrzeugen und Erinnerungsstücken aus dieser Zeit sicherlich förderlich war.

Für die Feierlichkeiten zur Tausendjahrfeier der Stadt Luxemburg im Jahre 1963 und zur letzten Fahrt einer elektrischen Straßenbahn im Jahre 1964 wurden von den Werkstätten der Verkehrsbetriebe im Maßstab 1:8 verkleinerte Modelle der Straßenbahnen angefertigt und bei einer Ausstellung in der Innenstadt gezeigt. Es wurden weitere Modelle von Straßenbahnen und Bussen gebaut, Fotos und

Filmmaterialien wurden gesammelt, welche häufig aus privaten Sammlungen stammten: Alte Maschinen wurden instandgesetzt; und im Jahre 1975 wurde beim ersten Bauabschnitt für das Busdepot an der Rue de Bouillon ein kleiner Raum für die Unterbringung des Triebwagens 34 reserviert sowie für einige andere Gegenstände, die für die alten Straßenbahnen und Omnibusse charakteristisch waren.

Das Trammuseum präsentiert die Geschichte des Nahverkehrs in Luxemburg von der Pferdebahn bis zu den Bussen.

Bis 1991 mußte man sich jedoch gedulden, bis das von den Verkehrsbetrieben im Verlauf der vergangenen dreißig Jahre gesammelte Material der breiten Öffentlichkeit präsentiert werden konnte. Heute verfügt das »Nahverkehrsmuseum« über zwei betriebsfähige Straßenbahntriebwagen, zwei Straßenbahnbeiwagen, eine Pferdestraßenbahn als Nachbau in Originalgröße, zwei Autobusse, einen Fahrdrahtwartungswagen, 22 im Maßstab 1:8 verkleinerte Modelle, ungefähr 8.000 Fotos, jede Menge alte Materialien aus den öffentlichen Verkehrsbetrieben. Einige Fahrzeuge oder Autobusse warten immer noch auf ihre Restaurierung. Es versteht sich von selbst, dass der Nahverkehrsbetrieb der Stadt jedem dankbar ist, der Unterlagen zur Verfügung stellt, welche die Sammlung des Straßenbahnmuseums bereichern können.

@ www.visitluxembourg.com/de/ansicht/museum/tram-and-bus-museum-luxembourg
@ www.rail.lu/tramsmusee.html

Das Luxemburger Bahnmuseum

Industrie- und Eisenbahnpark Fond-de-Gras

Im Süden Luxemburgs befindet sich an der Grenze zu Lothringen der »Industrie- und Eisenbahnpark Fond-de-Gras«. Hier gibt es zwei Museumseisenbahnen: Die Bahnlinie des »Train 1900« (touristische Dampfeisenbahn) verbindet Pétange mit Fond-de-Gras und Rodange. Die Grubenbahn „Minièresbunn" fährt zwischen Fond-de-Gras und Lasauvage und durchfährt dabei einen 400 Meter langen Stollen.

Wir fuhren ins luxemburgische Fond-de-Gras in der Nähe von Differdingen (französisch Differdange), das gleich zwei Museumsbahnen beherbergt. Man kann sich nur schwer vorstellen, dass das friedliche, grüne Tal, in dem der Fond-de-Gras liegt, fast hundert Jahre lang ein wichtiger Industriestandort war. Aber es ist wahr: Von hier aus wurde das in den benachbarten Minen abgebaute Eisenerz, die Minette, mit dem Zug zu den Fabriken befördert, in denen es zu Stahl verarbeitet wurde. Im Freiluftmuseum Fond-de-Gras erzählen Informationstafeln von der industriellen Vergangenheit. Die schönste Anreise zum Museumsgelände geht mit der Museumseisenbahn, Abfahrt vom Bahnsteig des »Train 1900« ist am Bahnhof der »Société Nationale des Chemins de fer Luxembourgeois« (CFL) in Pétange.

Der Train 1900

Der »Train 1900« betreibt die Strecke Pétange–Fond-de-Gras–Ladamalaine-Bois de Rodange, eine steigungsreiche und landschaftlich schöne Strecke die früher dem Bergbau und der Hüttenindustrie diente. Betrieben wird der »Train 1900« von der Vereinigung »Association des Musées et Tourisme Ferroviaires a.s.b.l. (AMTF)« (Verband der Eisenbahnmuseen und des Eisenbahntourismus). Die große Sammlung beherbergt zahlreiche Dampf- und Diesellokomotiven sowie zwei Triebwagen. Glanzstücke der Sammlung sind eine preußische T 3, Baujahr 1891, die für die Reichseisenbahn in Elsass-Lothringen gebaut wurde, und eine preußische T 7 von 1903, die als Industrielok in Differdingen ihren Dienst tat.

Der Train 1900 ist in Fond-de-Gras bereit zur Abfahrt.

Die »Minièresbunn« besitzt eine eindrucksvolle Sammlung von Dampf-, Diesel- und Elektroloks.

Der Verein besitzt auch einen historischen luxemburgischen Schienenbus, der nahezu baugleich ist mit den Vorserien-Schienenbussen der Baureihe VT 95 der Deutschen Bundesbahn. Während die Besucher in den Zügen sitzen, erleben sie eine echte Reise durch die Zeit. Die Streckenlänge beträgt acht Kilometer. Seit 1985 baut das Luxemburger Amt für Denkmalpflege das Projekt »Industrie- und Eisenbahnpark Fond-de-Gras« aus und sammelt unter anderem Eisenbahnfahrzeuge aus den umliegenden Eisenhütten. Elektrolokomotiven (550 bis 600 Volt Gleichstrom) sowie Dampfspeicherlokomotiven dokumentieren die Bedeutung und die Vielfalt der Schienentransporte zwischen den zahlreichen Industriebetrieben. Außerdem sind Waggons zum Transport von Eisenerz, von flüssigem Gusseisen und flüssiger Hochofenschlacke ausgestellt.

Der »Train 1900« fährt über die alte Minenbahn »Ligne des Minières«, die ab 1875 von der Prinz-Heinrich-Eisenbahngesellschaft erbaut wurde. Diese Strecke diente ausschließlich dem Abtransport von Eisenerz, das in der Umgebung abgebaut wurde. Im September 1963 versperrte ein Erdrutsch die Eisenerzlinie und setzte jeglichem Bahnbetrieb ein Ende. Durch eine Gruppe von Ehrenamtlichen wurde 1973 der Verein »Train 1900« gegründet. Der »Train 1900« verdankt seinen Namen der ersten Lokomotive, der Nummer 8, gebaut von Hanomag, ehemalig als Industrielok bei HADIR Differdange »Hauts-Fourneaux et Aciéries de Differdange« (Hütten- und Stahlwerke Differdange, ehemals »Deutsch-Luxemburgische Bergwerks- und Hütten-Aktien-Gesellschaft«) im Einsatz, die erstmals im Jahr 1900 befeuert wurde. 1973 wurde mit ihr der Museumsbetrieb aufgenommen.

Die Dampfloks, deren Großteil aus den umliegenden Eisenhütten stammt, fahren die Besucher durch eine Landschaft, die durch den Eisenerzabbau gekennzeichnet ist. Die Strecke ist sehr kurvenreich. Nach Verlassen des Bahnhofs Pétange beginnt eine Steigung von 23 Promille (2,3 Prozent) entlang des »Prënzebierg«. Bei Kilometerpunkt 2,4 wird der Haltepunkt »Fuusbësch« erreicht. Von dort aus kann man zu Fuß zum Naturreservat »Giele Botter« mit seinem geologischen Lehrpfad und dem Rundweg mit Erläuterungen zu Natur und Eisenerzabbau gelangen. Die Bahnlinie schlängelt sich an den Anhöhen von Lamadelaine entlang, deren bedeutenste der »Tëtelbierg« (deutsch: »Titelberg«) mit seinen archäologischen Ausgrabungen ist. Auf diesem 50 Hektar großen Felssporn haben umfangreiche Ausgrabungsarbeiten archäologische Überreste zu Tage gefördert, die teilweise bis ins 1. Jahrhundert vor Christus zurückgehen.

Bei Streckenkilometer 6 befindet sich der Bahnhof Fond-de-Gras, das Zentrum des Industrie- und Eisenbahnparks. Der Bahnhof ist gleichzeitig auch der betriebliche Mittelpunkt des Train 1900. Dieser Güterbahnhof wurde im Jahre 1875 erbaut und hieß ursprünglich »Gare de Lamadeleine«. Der Bahnhof bestand aus acht Zuggleisen und sechs Privatgleisen. Eine Lokomotive fuhr die Wagen zu den Verladestellen, zwei weitere fuhren die mit Eisenerz beladenden Waggons nach Pétange. Fond-de-Gras ist ein Kopfbahnhof, von dem aus eine weitere Linie in Richtung Rodange abzweigt. Diese führt an der Eisenerzgrube Dhoil vorbei und hat ihren Endpunkt bei Kilometer 7,3 (Bois-de-Rodange). Die frühere Trasse bis zur französischen Grenze (Streckenkilometer 10) kann zu Fuss begangen werden.

Der Fond-de-Gras ist auch für Naturfreunde ausgesprochen interessant. Der ehemalige Tagebau »Giele Botter« ist heute ein Naturschutzgebiet, in dem sich Flora und Fauna wieder entwickeln.

Die Prinz-Heinrich-Eisenbahngesellschaft erhielt 1873 die Konzession zum Bau einer Industriebahn zu den Erzgruben südwestlich von Petingen/Pétange. Der erste Abschnitt von Pétange bis Lamadelaine wurde im Dezember 1875 eröffnet, die restliche Strecke befand sich bereits im Bau. Wegen finanzieller Schwierigkeiten der Bahngesellschaft wurden die Bauarbeiten 1876 vorerst eingestellt. Bis dahin wurde noch das kurze Stück bis Graas fertiggestellt.

1877 wurde der Prinz-Heinrich-Eisenbahngesellschaft die Konzession entzogen, die daraufhin gegründete »Luxemburgische Prinz-Heinrich-Eisenbahn- und Erzgrubengesellschaft« übernahm nicht nur die Konzession, sondern auch das gesamte Eigentum der ersten Gesellschaft und setzte den Bau im Sommer 1878 fort. Im April 1879 konnte die Verlängerung bis Bois Châtier kurz vor der französischen Grenze eröffnet werden.

Personenverkehr fand auf der Strecke nicht statt. Auch eine Verbindung zum französischen Eisenbahnnetz bei Bois Châtier – es fehlten nur einige Hundert Meter Gleis – wurde nicht gebaut. So mussten die Wagenladungen einen wesentlich längeren und damit für die Bahngesellschaft lukrativeren Weg über das Streckennetz der »Luxemburgischen Prinz-Heinrich-Eisenbahn- und Erzgrubengesellschaft« nehmen. Den Großteil des Verkehrs machte der Abtransport des geförderten Erzes aus, angeliefert wurde vor allem Grubenholz.

Die ersten Erzgruben schlossen während des Zweiten Weltkriegs, 1962 wurde an der Strecke letztmals Erz verladen. Im Herbst 1963 verschüttete ein Erdrutsch bei Streckenkilometer 2,2 die Gleise, der Verkehr wurde danach aufgegeben. Offiziell stillgelegt wurde die Strecke 1970. Das Streckenstück ab Kilometer 2,2 bis Bois de Rodange wird seitdem von der Museumsbahn Train 1900 genutzt. 1986 kaufte Train 1900 die Strecke.

Die Grubenbahn »Minièresbunn«

Das Freilichtmuseum lädt auch zur Mittagspause im Lokal »Bei der Giedel«, einer alten Bergmannsschänke, ein. Nur wenige Schritte vom Lokal entfernt liegt der Bahnsteig, von dem die Grubenbahn »Minièresbunn« abfährt. Die Grubenbahn »Minièresbunn« fährt zwischen Fond-de-Gras und Lasauvage. Die Vereinigung »Minièresbunn« besitzt eine eindrucksvolle Lokomotivsammlung von Dampf-, Diesel- und Elektroloks, die während der Zeit des Eisenerzabbaus zum Transport der Loren aus dem Eisenerzstollen dienten. Die Schmalspurbahn mit 700 Millimetern Spurweite fährt zunächst vom Fond-de-Gras aus zur Grube »Doihl« in Rodange. Der Abschnitt Fond-de-Gras Train 1900–Fond-de-Gras Giedel wird mit Dieseltraktion gefahren. Die Etappe von Giedel bis zum Stollenmund wird von einer Dampflok der Marke »Krauss« aus dem Baujahr 1897 gefahren.

Der dritte Teil der Strecke, mit 500 Volt elektrifiziert, durchquert einen alten Stollen von 1.400 Meter Länge. Hier wird auf eine E-Lok umgespannt. Jeder Fahrtag beginnt übrigens morgens mit dem Öffnen des Stollens, in dem die Fahrzeuge über Nacht untergestellt sind. Die Strecke verlässt den Stollen im ältesten Teil des Eisenerzabbaus aus dem Jahre 1908 (Schließung im Winter 1977/78). Hier hat man das Dorf Lasauvage erreicht.

In diesem alten Bergarbeiterdorf mit den typischen Häusern findet man zwei Museen. Das »Eugène-Pesch-Museum« präsentiert eine Sammlung von Fossilien, Mineralien und Bergmannswerkzeugen. Der »Espace Muséologique« ist der Geschichte des Dorfs und der »Refraktäre« gewidmet, die sich während des Zweiten Weltkriegs im Stollen »Hondsbësch« versteckten, um nicht die Unform des Feindes tragen zu müssen.

Der vierte Teil der Strecke überquert die französische Grenze, um dann nach Saulnes (Département Meurthe et Moselle), einem historischen Gruben- und Eisenerzdorf, zu gelangen. Hier wird auf Diesel umgespannt.

Zur Vereinsgeschichte der Minièresbunn

In der Grube Doihl wurde bis zum Winter 1977/78 Eisenerz abgebaut. Die Stilllegung kam für diese Grube recht überraschend, war aber vorhersehbar. Da der Erzgehalt nur bei circa 36 Prozent liegt, war die Grube nicht mehr rentabel. Soweit es möglich war, wurden Schienen und Oberleitung abgebaut. 1990 wurde der Verein »Minièresbunn Doihl« gegründet. Minièresbunn bedeutet Grubenbahn (Minière = Grube und Bunn = Bahn). Mit Hilfe des Amts für Denkmalpflege wurde die Strecke Fond-de-Gras–Doihl neu gebaut sowie die Hauptstrecke Doihl–Lasauvage durch die Grube wieder aufgebaut. Mit zunächst nur einer Lokomotive (dem Bloen; Lok-Nr. 10) und einem Wagen für die Besucher begann alles. Die Grube war zunächst nicht durchgehend befahrbar, sondern nur circa 1.000 Meter bis zum heutigen Besucherstollen. Im Laufe der Jahre wurde die Grube dann durchgängig elektrifiziert und das Besucherbergwerk »Atelier Fond« eingerichtet beziehungsweise ausgebaut. Später kamen dann noch die Strecken nach Saulnes und Lasauvage Kirche hinzu.

Viele Arbeiten erfolgen während der Winterpause an den Wochenenden durch die Vereinsmitglieder – zum Beispiel neue Beleuchtung im Atelier Fond, Reaktivierung des Gleichrichters im Atelier Fond zur Speisung der Oberleitung durch die Grube, Umbau Gleisanlagen in Lasauvage oder Umbau der Grubeneinfahrt in Doihl. Seit 2007 wird der Verein sehr tatkräftig von ProActif unterstützt, zum Beispiel beim Errichten der neuen Oberleitungsmasten oder beim Bau der Strecke Lasauvage–Lasauvage Kirche, beim Umbau der Gleisanlagen in Lasauvage und in Doihl.

Die letzte Eisenerzgrube in Luxemburg (Differdingen) schloss 1981, die letzte französische bei Audun-le-Tiche im Département Moselle 1997.

@ www.minettpark.lu
@ www.train1900.lu
@ www.minieresbunn.lu

Ausklang

Ich hoffe, mein Ausflug in die Welt der Eisenbahn hat Ihnen gefallen. Dann freue ich mich über eine nette Bewertung in den Buchshops.

Empfehlen Sie mein Buch auch Ihren Freunden und Bekannten sowie ebenfalls in den Buchhandlungen weiter.

Haben Sie Fehler entdeckt oder Anregungen? Dann senden Sie mir eine E-Mail unter books-feedback@t-online.de.

Karte

1 Stichting Stadskanaal Rail
2 Stoomtram Hoorn-Medemblik
3 Niederländisches Eisenbahnmuseum Utrecht
4 Veluwsche Stoomtrein Maatschappij
5 Museum Buurtspoorweg
6 Stichting vorheen RTM
7 Freilichtmuseum Arnheim
8 Stoomtrein Goes-Borsele
9 Kusttram
10 Stoomcentrum Maldegem
11 Stoomtrein Dendermonde-Puurs
12 Train World
13 Die Südlimburgische Dampfeisenbahn
14 Das Viadukt von Moresnet
15 Das Straßenbahnmuseum Thuin
16 Die Eisenbahn von Sprimont
17 Die Vennbahn
18 Die Bocqtalbahn
19 Die Dreitäler-Dampfbahn
20 Die Straßenbahn an der Aisne
21 Die Straßenbahn Han
22 Straßenbahn- und Busmuseum Luxemburg
23 Das Luxemburger Bahnmuseum

Groningen
1
Niederlande
2
IJsselmeer
Amsterdam
Apeldorn
Enschede
5
4
Utrecht
3
Den Haag
Arnheim
7
Lek
Rotterdam
Nordsee
Waal
6
Maas
Vlissingen
8
Eindhoven
9
Ostende
Antwerpen
Brügge
10
Maas
Gent
11
Maastricht
13
Brüssel
12
Schelde
Belgien
Lüttich
14
15
Maas
16
17
Charleroi
21
18
20
Benelux
19
Luxemburg
Luxemburg
22
23

Weitere Strecken und Museen

Weitere Museumsbahnen

Niederlande

Hoogovens Stoom IJmuiden
Dampfzug, der durch das Tata-Stahlwerk fährt
Velsen-Noord
www.csy.nl

Electrische Museumtramlijn Amsterdam
Museumsstrecke Amsterdam Haarlemmermeer – Amstelveen – Bovenkerk
Amsterdam
www.museumtramlijn.org

Stichting Rijssens Leemspoor
Schmalspurbahn ehemals für Tonzüge
Rijssen
www.leemspoor.nl

Museumsteenfabriek De Werklust
Feldbahn für Tonzüge/ehemalige Tonfabrik
Losser
www.dewerklust.nl

Stoomtrein Katwijk Leiden
Schmalspurbahn
Valkenburg
www.StoomtreinKatwijkLeiden.nl

Gelderse Smalspoor Stichting
Feldbahn für Tonzüge/Steinfabrik
Heteren
www.smalspoor.nl

Belgien

De Bakkersmolen
Schmalspurbahn um die Bakkersmühle
Essen-Wildert
www.bakkersmolen.be

Le Rail-Rebecq-Rognon
Feldbahn, Rebecq - Rebecq-Rognon, 4 km
Rebecq
www.rail-rebecq-rognon.eu

Museen

Niederlande

Noord-Nederlands Trein & Tram Museum
Zuidbroek
www.nnttm.nl

Industrieel Smalspoor Museum
Erica
www.smalspoorcentrum.nl

NZH Vervoer Museum
Haarlem
www.nzh-vervoermuseum.nl

Haags Openbaar Vervoer Museum
Den Haag
www.hovm.nl

Stichting Transit Oost
Winterswijk
www.transitoost.nl

Stichting RoMeO
Rotterdam
www.stichtingromeo.nl

Belgien

Musée du Transport Urbain Bruxellois
Brüssel
www.trammuseumbrussels.be

Musée des Transports en Commune du Pays de Liège
Lüttich
www.musee-transports.be

Literaturhinweise und Internetadressen

Vanderhaegen, Jean-Luc/Defechereux, Baudoin. La Ligne 128, Ciney–Spontin–Yvoir, Le Chemin de fer du Bocq, Mons (Edition PFT) 2012.

Eisenbahnatlas Europäische Union, Freiburg (Verlag Schweers + Wall) 3. Aufl. 2017.

Museumsbahnen in den Niederlanden: www.railmusea.nl
Touristeninformation Niederlande: www.holland.com
Touristeninformation der belgische Ostkantone: www.ostbelgien.eu/de
Touristeninformation Wallonie und Brüssel: www.walloniebelgiquetourisme.be
Touristeninformation Flandern: www.visitflanders.com/de
Touristeninformation Luxemburg: www.visitluxembourg.com

Die Internetadressen und Daten, die in diesem Buch angegeben sind, wurden vor Drucklegung geprüft (Stand: August 2018). Der Autor übernimmt keine Gewähr für die Aktualität und den Inhalt dieser Adressen und Daten, die mit ihnen verlinkt sind. Eine Haftung des Autors ist ausgeschlossen.

Bildnachweis und Grafiken

Umschlagfotos: *Rückseite:* oben links: Stoomtram Hoorn-Medemblik (NBTC); oben rechts: Straßenbahn an der Aisne (Norbert Opfermann), unten links: Straßenbahn-und Busmuseum Luxemburg (Smiley.toerist Creative Commons (CC) 3.0); unten rechts: Bocqtalbahn (Norbert Opfermann)
Karte S. 97 Werner Schramm/Johannes Esser

Inhalt: S. 7 Karina Hermsen, S. 9 Marco Roepers CC 3.0, S. 12 oben Erik Swierstra CC 3.0, S. 12 unten NBTC, S. 15 oben und rechts unten NBTC, S. 15 links unten Hdekroon CC 3.0, S. 18 oben und unten Jan Derk Remmers CC 4.0, S. 21, 30 oben und rechts unten, 35, 43, 46, 62, 65, 77, 80 Norbert Opfermann, S. 24 oben Smiley.toerist CC 4.0, S. 24 links unten Manfred Kopka CC 4.0, S. 24 rechts unten NBTC, S. 25 NBTC, S. 27 Holland Open Air Museum, S. 30 links unten Rijksdienst voor het Cultureel Erfgoed CC 4.0, S. 39 oben BenZin CC 3.0, S. 39 unten Claus Ableiter CC 4.0, S. 48 oben Smiley.toerist CC 4.0, S. 48 unten MPW57 CC 3.0, S. 51 oben Jan Derk Remmers CC 4.0, S. 51 unten G. Keuning CC 3.0, S. 57 oben Hektor CC 3.0, S. 57 unten Smiley.toerist CC 3.0, S. 67 oben Beijersbergen / Shutterstock, S. 67 unten Andreas Toerl CC 3.0, S. 84 oben CapturePB / Shutterstock, S. 84 unten GrottesdeHan CC 3.0, S. 88 Smiley.toerist CC 3.0, S. 90 oben Aldebaran CC 3.0, S. 90 unten Legrand CC 3.0

Tipp für Eisenbahnfreunde

Die Deutsche Gesellschaft für Eisenbahngeschichte möchte Interesse für die Geschichte der Eisenbahnen wecken und Studien sowie wissenschaftliche Arbeiten auf diesem Gebiet fördern. Die Website informiert über die Aktivitäten und die lebendigen Zeugnisse der DGEG. Auf Studienreisen und Tagesausflügen lernen Sie neben interessanten Eisenbahnstrecken faszinierende alte und neue Fahrzeuge kennen. Zusammen mit anderen begeisterten Eisenbahnfreunden reisen Sie zu interessanten Zielen in Deutschland, Europa und der ganzen Welt. Oder werden Sie wie ich Mitglied.
@ www.dgeg.de

Im Internet finden Sie auch andere Anbieter von Eisenbahnreisen.

Über den Autor

Norbert Opfermann, in Düsseldorf geboren, lebt und arbeitet als Autor in der Landeshauptstadt, schreibt für verschiedene regionale Zeitungen und Verlage: oft Artikel, manchmal Bücher. Er hat Geschichte und Geographie an der Heinrich-Heine-Universität Düsseldorf studiert und das Studium als Magister Artium (M.A.) abgeschlossen.

Der Eisenbahnfan hat schon viele Museumsbahnen bereist und berichtet darüber in der Reihe »Eisenbahn-Nostalgie«.

In der Reihe **Eisenbahn-Nostalgie** erschienen:

Band I

Faszinierende Schienenwelten in Deutschland, Frankreich und der Schweiz: Die Rigi-Bahnen am Vierwaldstätter See, Volldampf im Elsass, im Schwarzwald sowie an Rhein und Ruhr.

Der Autor würzt seine Kapitel mit historischen Anekdoten.

ISBN 978-9-46367-775-2
2. aktualisierte Auflage 2019